那些令人惊艳的
海边公路

武鹏程　编著

海洋出版社

北京

图书在版编目（CIP）数据

那些令人惊艳的海边公路 / 武鹏程编著． -- 北京：海洋出版社，2024.5
ISBN 978-7-5210-1188-3

Ⅰ．①那… Ⅱ．①武… Ⅲ．①海岸带-介绍-世界 Ⅳ．①P737.11

中国版本图书馆CIP数据核字（2023）第 219513 号

图 说 海 洋

那些令人惊艳的 海边公路

NAXIE LINGREN JINGYAN DE
HAIBIAN GONGLU

总 策 划：刘 斌	发 行 部：(010) 62100090
责任编辑：刘 斌	总 编 室：(010) 62100034
责任印制：安 淼	网 址：www.oceanpress.com.cn
排 版：海洋计算机图书输出中心 晓阳	承 印：侨友印刷（河北）有限公司
出版发行：海洋出版社	版 次：2024年5月第1版
地 址：北京市海淀区大慧寺路8号	2024年5月第1次印刷
100081	开 本：787mm×1092mm 1/16
经 销：新华书店	印 张：13.25
技术支持：(010) 62100055	字 数：230千字
	定 价：58.00元

本书如有印、装质量问题可与发行部调换

前　言

　　海边公路总能让人联想到惬意的徒步、骑行与自驾，迎着海风，心情不由自主地放飞，仿佛公路的尽头就是诗与海。

　　蜿蜒的海边公路千姿百态，有的将陆地与大海相连，还有的直接镶嵌于海边悬崖上，有的横卧于大海之上，形成了各种各样、缤纷多彩的公路美景。

　　每一条海边公路都有独特的魅力，有的以魅力四射的美景著称，如阿马尔菲车道、夏洛特女王公路、哈纳之路等；有的以奇绝的悬崖景观和海滩风景闻名，如大洋路、卡博特之路等；有的充满了野性，如加州1号公路、克罗地亚8号公路等；有的充满辽阔苍凉感、拥有冷峻之美，如苏格兰"A87公路"、冰岛一号公路等；有的横跨于大海之上，场面极其壮观，如港珠澳大桥、杭州湾跨海大桥、厄勒海峡大桥等；还有的从悬崖上开凿而成，凶险万分，如新西兰船长路、查普曼峰公路等。

　　本书介绍了几十条绝美的海边公路，它们或美丽、或危险、或神秘、或热闹、或宁静，每一条海边公路都独具特色，能使每个人经历一次后，一辈子都无法忘记。

PASSING
PLACE

目 录

亚洲篇

厦门环岛路——世界上最美的马拉松赛道 /1
港珠澳大桥——世界上最长的跨海大桥 /11
杭州湾跨海大桥——连接长三角的交通枢纽 /15
左岸公路——一边是青山,一边是蓝海 /18
孟买海滨大道——女王的项链 /22
苏花公路——让人爱恨交织的公路 /26
海云通道——被遗弃的完美彩虹 /32
八幡坂——日本最美的一段坡道 /36

欧洲篇

克罗地亚 8 号公路 —— 遇见最美的景色 /38

北海岸 500 公路 —— 环苏格兰高地公路 /47

苏格兰 "A87 公路" —— 辽阔苍凉的高地气质 /60

阿夫鲁戴克拦海大坝 —— 荷兰人创造的世纪奇迹 /67

大西洋之路 —— 神奇的天堂之路 /71

冰岛一号公路 —— 世界尽头的环形公路 /76

戛纳海滨大道 —— 繁华的滨海公路 /92

阿马尔菲车道 —— 世界传奇车道 /96

格伊斯通道 —— 随时可能消失的公路 /105

阿尔卑斯大道 —— 欧洲最高的公路风景线 /109

土耳其 D400 公路 —— 土耳其最美的沿海公路 /115

厄勒海峡大桥 —— 瑞典通向欧洲的大桥 /128

萨卡罗博拉公路 —— 世界上风景最壮观的道路之一 /131

美洲篇

加州1号公路 —— 梦幻般的海边公路 /136
卡博特之路 —— 享受北美东部的美丽风光 /152
海天公路 —— 让人震撼一生的公路美景 /156
佛罗里达州跨海公路 —— 全世界最美丽的跨海公路 /166

非洲篇

查普曼峰公路 —— 从悬崖中开凿而出 /173

大洋洲篇

大洋路 —— 澳大利亚最美的海滨公路 /178

乔治格雷公路 —— 可以满足一切少女心的幻想 /185

夏洛特女王公路 —— 一边是森林，一边是峡湾 /189

凯库拉滨海大道 —— 与海洋生物相遇 /192

船长路 —— 悬崖上开凿出的公路 /196

哈纳之路 —— 马克·吐温笔下的天堂之路 /200

厦门环岛路

世界上最美的马拉松赛道

厦门把最美的海岸线都留给了厦门环岛路,而厦门环岛路又成为每年厦门国际马拉松的赛道,因此它被誉为世界上最美的马拉松赛道。

厦门环岛路是一条由海、沙滩、彩色路面、青草、绿树构成的海滨度假休闲走廊,在此无论是自驾、骑行还是徒步,都能享受到厦门最清爽的海风和最美的海景。

沿海而建

厦门环岛路于1999年9月30日正式贯通,全程约43千米,路宽44~60米,沿海而建,是西起厦门大学胡里山炮台,东至厦门国际会展中心,向北至五缘湾大桥的一段海岸。其中从厦门大学到厦门国际会展中心的一段长约9千米的海岸被称为"黄金海岸线",本地人又叫它"五色路":蓝色的大海、金色的沙滩、绿色的草地、

❖ 厦门环岛路美景

> 厦门环岛路清晨或傍晚时候游人稀疏,气温适宜,沿途有专门的木栈道、辅路以及骑行通道,可供骑行者和徒步者赏景。

> 厦门环岛路沿线的草坪上有许多马拉松赛跑运动员的铜雕像。

❖ 橘红色的烂尾楼

厦门环岛路实在太美,一切建筑都会变成其美丽的点缀。在音乐广场东面几百米的海边有一栋橘红色的大楼,这是一栋烂尾楼,被誉为最美的烂尾楼。有很多人喜欢在这里拍照,因而使其逐渐变成了一处网红打卡地。

❖ 厦门环岛路上的雕塑：心心相印　　❖ 厦门马拉松赛的主赛道

红色的跑道加上沿途景色，使这里被誉为世界上最美的马拉松赛道。

演武大桥为厦门环岛路海军码头到厦大白城一段，桥面标高只有 5 米，全长 2.2 千米，被认为是目前世界上离海平面最近的桥梁，涨潮的时候，海水几乎与桥面齐平。

❖ 厦门环岛路上的演武大桥

红色的跑道、灰色的公路。这是大家最钟情的厦门环岛路区域之一。

厦门环岛路沿途的景点有胡里山炮台、厦门书法广场、音乐广场、白石炮台遗址、黄厝沙滩、海韵台、玩月坡、椰风寨、曾厝海滨、"一国两制"沙滩、国际会展中心、妈祖庙（顺济宫）、观音山海滩、五通灯塔公园、五缘湾等。

胡里山炮台

厦门环岛路西边起点是胡里山炮台西侧的白城沙滩，这是厦门大学南部的一个美丽沙滩，沙滩上有许多遗址和鼠标雕塑，是一处历史与现代气息完美融合的美丽风景，这个沙滩是厦门大学学子、当地市民和游客漫步、游戏、游泳和观赏夕阳的天然休闲之地。

白城沙滩东侧是厦门岛东南海岬的突出部分，其三面环海，也是有名的胡里山炮台所在地。

胡里山炮台始建于清光绪二十年（1894年），总面积7万多平方米，分为战坪区、兵营区和后山区，炮台结构为半地堡式、半城垣式，既具有欧洲风格，又有我国明清时期的建筑神韵，历史上被称为"八闽门户，天南锁钥"。

胡里山炮台如今只是一个旅游景点，已经失去了海防的属性，不过

❖ 胡里山炮台的"炮王"

"炮王"是1893年花了10万两白银，购自德国克房伯兵工厂的一门280毫米克房伯大炮，它是世界上现仍保存在原址上最古老和最大的19世纪海岸炮，被列入《2000年吉尼斯世界纪录大全》。

"炮王"只实战过一次，于1937年击沉日军的箬竹舰，后来再也没有用过，胡里山炮台的"炮王"原本有两门，1958年时有一门被拆毁，现仅存东炮台上的一门大炮。

胡里山炮台不仅有"炮王"，还有好几门护卫炮。
❖ 胡里山炮台的护卫炮

❖ 音乐广场一隅

音乐广场很安静，常有徒步和骑行者在此逗留，拍照赏景。

据说，音乐广场的主要设计元素包括广场铭牌、原有木船、大橹的述说，音乐的海洋、厦门籍著名音乐家生平介绍石刻、中国古代五音装饰景墙、下沉式广场喷泉、蓝色海岸线、遗落的音符、照镜等，结合人文、地域特点，将音乐、音乐家与厦门当地音乐氛围融合。

> 胡里山炮台的前身是石壁炮台，这是一处曾让英军畏惧的要塞。1841年8月25日，英军入侵厦门海面，在海上眺望石壁炮台的英国军官感叹："即使战舰放炮到世界末日，对守卫炮台的人，也极可能没有实际的伤害。"

❖ 厦门书法广场：三块远古的巨石

炮台内依旧展示着众多历史上有名的火炮，其中最有名的一门火炮是1893年从德国克虏伯工厂购买的、被称为"炮王"的克虏伯大炮。

胡里山炮台地处得天独厚的海岬环境，地势高，视野开阔，昔日是战略要地，如今是观景胜地。整个景区是国家级文物保护单位、全国4A级旅游景区，更是厦门这个旅游城市的名片和窗口，是厦门市重要的旅游景点和爱国主义教育基地。

厦门书法广场

由胡里山炮台沿厦门环岛路往东大约前行1千米，在厦门环岛路的外侧就是厦门书法广场。

厦门书法广场建于2006年，呈"凹"字形沿海岸线展开，中段为沙滩，两边为原有环岛路的滨海绿地，全长约500米，占地面积3万平方米。

厦门书法广场是一个文化气息浓郁之地，广场上有很多我国历史上著名书法家及厦门当代书法家的亲笔书法碑文，大有"以天为纸、以海为墨"的意境。

厦门书法广场东侧是一大片海滩，继续沿着厦门环岛路往东，路过天上圣妈宫和被誉为"全国最文艺村落"曾厝垵的路口（环岛路北），在环岛路南边是音乐广场。

音乐广场是白鹭洲公园的一部分，在广场中心有一座13.6米高的白鹭女神雕塑，这是厦门的标志性雕塑，广场四周有许多关于音乐元素的雕塑。

音乐广场和厦门书法广场一样，外地游客不多，因此，这里的海滩显得清静、温馨，是当地人节假日最爱的休闲、赏海的地方。

曾厝垵

曾厝垵曾经是一个坐落于厦门环岛路旁的小渔村，名气远没有鼓浪屿大，但是也正因此才得以保留那份最原始的美好。如今，这里已成为炙手可热的文化创意村，也是厦门环岛路沿途的必游之地。

曾厝垵的建筑独具特色，如今，整个村落虽然聚集了众多独具个性的商铺、小吃店，但是其南洋华侨风的红砖古厝和番仔楼依旧非常醒目，开在这些古朴别致的建筑中的民宿客栈更是各有风格、情调，而且曾厝垵民宿客栈的入住费远比鼓浪屿的便宜。因此，这里聚集了很多游客，他们悠然自得地在大街小巷中享受美食，在酒吧中听着民谣。

❖ 厦门环岛路的木栈道

厦门环岛路的木栈道全长约6千米，沿途经过胡里山炮台、厦门书法广场、曾厝垵浴场、音乐广场等，是厦门环岛路上最精华的一段，也是绝佳的拍照取景地。

❖ 曾厝垵店铺指示牌

厦门最不缺的就是海产品，潮汕菜系是主导。当地小吃有卤豆干、卤鸭、蚝仔粥、面线糊、炸枣、捆蹄、夹饼、沙茶面、鱼丸、蚝仔煎、麻籽、贡鱿鱼、芋炸、蚝仔炸、马蹄酥、炒条、面茶、虾面、烧豆花、炒面线、豆包仔、春卷等。

在曾厝垵的五街十八巷中可以品尝各式各样让人口水直流的小吃和琳琅满目的水果。

❖ 曾厝垵

❖ 擁湖宮

曾厝垵是一个现代与古朴完美融合的小村落,这里不仅汇聚了厦门有名的美食小吃、民宿客栈,还有很多寺庙(如擁湖宫)。

❖ 天上圣妈宫

曾厝垵最引人注目的是海边的天上圣妈宫。每年的农历八月初二是天上圣妈宫的节日。

❖ 白石炮台长长的栈道

白石炮台

白石炮台位于曾厝垵的最西南处，与音乐广场相邻，这是厦门岛最南端滨海的突出部分，是船只进入厦门港的第一道门户，也是厦门为数不多的几个炮台遗址之一。厦门环岛路在此之前又称为环岛南路，从这里开始向北又被称为环岛东路。

白石炮台与厦门环岛路之间的隔道是漫长的山体，有一条长长的栈道通往海边，海边石头很多，游人很少，不过这里常会有婚纱摄影者在此选景拍摄。

如今，这里仅剩下炮台遗迹，可供历史爱好者研究和探索，此外，还有骑行者在此休息或在路边的海鲜大排档边吃边看海。

黄厝沙滩

黄厝沙滩全长 4.2 千米，是厦门最安静、最美的沙滩之一，它位于白石炮台往北的厦门环岛东路的黄厝海滨，距这一带的老城区比较近，是厦门一处欣赏日出的沙滩。

❖ 黄厝沙滩日出

　　黄厝沙滩北部则是厦门有名的黄厝浴场，根据厦门海洋环境监测相关部门的数据显示，黄厝浴场距离九龙江入海口较远，污染较小，故而水质较好，是厦门海水浴场中最适合游泳的浴场。

　　很多人都喜欢在曾厝垵吃喝玩乐后，晚上沿着厦门环岛路一路骑行去黄厝沙滩，欣赏别样的沙滩夜景，等夜深后再回到曾厝垵休息。

椰风寨

　　椰风寨在黄厝沙滩北边，同属厦门环岛东路的黄厝海滨的风景。

　　椰风寨始建于1997年，占地面积近万平方米，这里风景优美，蔚蓝海水波光粼粼，金色的沙子铺满沙滩，沙滩上栽满椰树，是一处难得的、清静的观光、看海之地。

　　椰风寨是厦门首个集户外游乐、餐饮休闲、水上运动、沙滩拓展为一体的综合性休闲旅游风景区。景区内最有名的景点有海韵台、玩月坡等。

❖ 海韵台美景

海韵台是厦门环岛路上最适合户外运动的地方，游人比较少，非常适合拍照和玩耍。每当有风的日子，总会有一些情侣在海边拍摄婚纱照，还有一些人在海边放风筝或在海面上冲浪。

海韵台交通很方便，除了自驾外，还可以乘坐47路、112路、29路、316路、751路公交车等到达附近，也可以沿着海边步道骑行到达这里。

从椰风寨沿厦门环岛路（东路）一直往北，途经"一国两制"沙滩最北部的妈祖雕像，再往北至厦门国际会展中心约10千米的路段，是厦门环岛东路的最美路段，被评为厦门新二十名景之一，称为"东环望海"。

海西最高的妈祖圣像

厦门国际会展中心是集展览、会议、办公及商业服务等功能于一体的会展综合体，也是厦门市的标志性建筑之一。它位于厦门环岛路路西，路东则是会展中心海滩。

从厦门国际会展中心往北走，不远处是厦门妈祖文化广场，广场上有高达32.8米的香山妈祖圣像，香山妈祖圣像头戴凤冠，前

❖ 玩月坡

玩月坡是椰风寨临近海边的一个沙滩，有细软的沙子和贝壳，附近还有太阳湾和数星园。

❖ 香山妈祖圣像

饰冕旒，手执如意，凤眼凝注，丰神秀逸，面朝大海，仿佛踏浪而来，尽显"海上和平女神"的慈惠之美。

最后部分景观

从厦门妈祖文化广场一直往北，途经以沙子细腻著称的观音山沙滩，这是厦门著名沙滩之一，也是海边露营、观日的绝佳地点。再往北，在厦门环岛路路西是五通灯塔公园，这是一个由翔安隧道的通风塔和环岛路绿化带整合而成的公园。再往北就是厦门环岛东路的终点——五缘湾大桥。

五缘湾是厦门岛上唯一一个集水景、温泉、植被、湿地、海湾等多种自然资源于一体的地方，还有大量的畲族文化等人文景观。这里也是厦门环岛路的最后一处旅游景点，沿着公路再往北，就几乎没有什么像样的景观了（实际上过了五缘湾大桥，厦门环岛路一直往北延伸到环岛北路，但是因为这段路上没有像样的景观，所以一般很少被提起）。

厦门妈祖文化广场周围有很多和游艇相关的活动，有游艇俱乐部、游艇会等。如果在厦门环岛路上自驾时觉得枯燥，可以在此乘坐游艇出海逍遥一番。

❖ **五缘湾大桥**
五缘湾大桥最早名为"钟宅湾大桥"，当时取名为"钟宅湾大桥"是因位于钟宅港，取"湾"字较有美意，且与厦门海湾型城市相称。随着"五缘湾"开发，正式命名了五座桥，分别是日缘桥、月缘桥、天缘桥、地缘桥、人缘桥，随后横跨"五缘湾"的"钟宅湾大桥"也更名为五缘湾大桥。

港珠澳大桥

世界上最长的跨海大桥

港珠澳大桥是现今世界上最长的跨海大桥,也是一座拥有诸多世界之最和百余项新专利的世纪工程之桥,被誉为桥梁界中的"珠穆朗玛峰",英国《卫报》更是将其誉为"新的世界七大奇迹之一"。

从700多年前南宋抗元将领文天祥的"零丁洋里叹零丁",到500多年前大航海时代东西方文明的交汇,再到40多年前改革开放的大潮,伶仃洋见证了中国历史的沧桑巨变。如今,横跨伶仃洋的港珠澳大桥连接了我国香港、珠海和澳门三地,其气势磅礴,却又带着一丝神秘感。

港珠澳三地的标志景点

港珠澳大桥既是大桥,也是公路,属于珠江三角洲地区环线高速公路南环段,全长55千米,桥面为双向六车道高速公路,总投资额1269亿元,2018年10月正式通车。

港珠澳大桥西起珠海和澳门人工岛,向东横跨伶仃洋海域后,直达香港国际机场附近的香港口岸人工岛。港珠澳大桥由3座航道桥、1条海底隧道、4座人工岛及连接桥隧、深浅水区非通航孔连续梁式桥和港珠澳三地陆路联络线组成。

港珠澳大桥开通后,便成为我国香港、珠海、澳门三地的标志景点,不过如今只有5类车可以上桥,分别是跨境巴士、穿梭巴士、跨境计程车、货运车辆、跨境私家车。

❖ 俯瞰港珠澳大桥

港珠澳大桥全程禁止停车观景,因此也只能走马观花。

❖ 港珠澳大桥

11

❖ 望桥驿站

望桥驿站是一处很小的观景点，周围有免费停车场，因此这里有很多专门来此欣赏港珠澳大桥的游客。

望桥驿站：最佳观景地点

我国香港、珠海、澳门沿海有众多港珠澳大桥的观景点，其中望桥驿站最有名，也是观赏港珠澳大桥的最佳地点。

望桥驿站位于港珠澳大桥由西向东的入口不远处，这是一处比较有名的打卡观景点。

望桥驿站其实是由一个集装箱改造而成的小咖啡店，箱顶搭建成了一个露天观景台，在此可以点一杯带有港珠澳大桥图案的拿铁，吹着海风，远眺港珠澳大桥在海面上骄傲地绽放它的雄姿，不远处海鸥轻轻拂过海面，静静地享受这片壮阔之景。

2009年12月15日，港珠澳大桥正式开工建设；2016年9月27日，港珠澳大桥主体工程全线贯通。2017年5月2日，港珠澳大桥沉管隧道顺利合龙。7月7日，港珠澳大桥海底隧道段的连接工作顺利完成。2018年10月24日上午9时正式通车，小客车通行费每车次150元人民币。

望桥驿站不仅是观景点，店内的装饰完全以大桥为元素，将大桥设计建造的故事都做成了画册，供游人参观，同时，店内还提供盖有专属于港珠澳大桥印章的明信片寄件服务。

"遇见大桥"观景平台是港珠澳大桥的另一个打卡点，它离望桥驿站近千米远，有一个免费停车场，很多通往港

❖ 望桥驿站：大桥拿铁

珠澳大桥的游客都会在此逗留，在此可以乘坐电梯或通过回旋楼梯到达大桥收费站前，看到港珠澳大桥的另一番景象。

3座航道桥

汽车从珠海公路口岸过境，走港珠澳大桥去我国香港，不久后就开上港珠澳大桥主桥，稳稳向前行驶，阳光穿过乌云洒向波光粼粼的海面。不时飞过的海鸟、往来穿梭的船舶、海天相接处的岛屿如同一幅风景画。

汽车首先通过桥塔为风帆造型的"九州航道桥"，桥塔整体造型优美，寓意"扬帆起航"，这是港珠澳大桥上独具韵味的地标之一。

由"九州航道桥"向西是有3个白海豚造型的"江海直达船航道桥"，这里是大部分伶仃洋上的游船最爱拍摄的风景之一。

再向西为"青州航道桥"，这座桥的桥塔采用了"中国结"文化元素，寓意"三地同心""团团圆圆"，桥塔造型"曲线化"，显得纤巧灵动、精致优雅。

大桥仿佛一条巨龙

过了港珠澳大桥的3座航道桥后，再行驶一段将进入海底隧

❖ "遇见大桥"

"遇见大桥"观景点有很多角度能拍出非常漂亮的港珠澳大桥照片。

港珠澳大桥的两岸除了望桥驿站之外，还有很多其他的观景点，如位于珠海的九州岛，也是一处不错的欣赏港珠澳大桥的观景点，它也是行驶在港珠澳大桥上可以欣赏到的海景。

江海直达船航道桥的3个桥塔采用了"白海豚"元素，与海豚保护区的海洋文化相结合。
江海直达船航道桥的"海豚塔"栩栩如生，最高的一个桥塔高达109米，两边稍矮的也有108米左右，相当于36层楼高，重量超过2600吨。据介绍，仅吊装这3只"海豚"，建设者们就用了整整一年的时间。

九州航道桥

❖ **青州航道桥**

青州航道桥是港珠澳大桥最具特色的部分，它由两个163米的高塔搭建而成，上端分别有"中国结"形状的钢结构结，青州航道桥上的"中国结"是整个工程中最早完成的标志性景观，也是最有中国味道的部分。2015年4月20日，青州航道桥上的"中国结"吊装完成。

港珠澳大桥珠海公路口岸交通综合枢纽换乘中心位于一层区，整合了穿梭巴士、旅游巴士、长途客车、公交车、出租车等多种交通方式，出入境旅客可根据自身乘车需求，在不同区域实现快速换乘。

港珠澳大桥隧道的西人工岛以管理功能为主，设运营、养护以及救援站；东人工岛除了养护救援功能外，还附加旅游服务功能，建设环岛步道用以观光。

❖ **港珠澳大桥隧道的东人工岛**

道，这是世界最长的公路沉管隧道和唯一的深埋沉管隧道，也是我国第一条外海沉管隧道。隧道从西人工岛进入，在隧道中行驶6.7千米后从东人工岛驶出。

出了隧道不远，就到了港珠澳大桥香港口岸旅检大楼，这里也是港珠澳大桥的终点，全程用时约40分钟，回望来处，大桥仿佛一条巨龙，蜿蜒在伶仃洋上，桥面上的车辆来来往往，桥下的轮船汽笛悠扬激荡。每当夜幕降临，港珠澳大桥的3座航道桥上的五彩景观灯被点亮，宛如一道长长的彩虹，同城市繁华热闹的夜景遥相呼应。

杭州湾跨海大桥

连接长三角的交通枢纽

杭州湾跨海大桥是连接长三角的交通枢纽，也是世界上建造难度最大的跨海大桥之一，是世界第三长的跨海大桥。

杭州湾跨海大桥是世界建桥史上的一项伟大创举和建设奇迹，位于我国浙江省杭州湾海域之上，是沈海高速公路（国家高速G15）的组成部分之一。

一桥飞架南北，天堑变通途

杭州湾跨海大桥是浙江省东北部城市快速路的重要构成部分，它把宁波至上海之间的陆路距离缩短了120余千米。

杭州湾跨海大桥于2003年6月8日奠基建设，2008年5月1日建成通车，大桥北起嘉兴市海盐郑家埭，跨越宽阔的杭州湾海域后，止于宁波市慈溪水路湾，由海中平台、南北航道孔桥、水中区引桥、滩涂区引桥、陆地区引桥、各座桥塔及各立交匝道组成，全桥长36千米，桥面为双向六车道高速公路，设计时速为100千米，路段呈西北至东南方向布置。

海天一洲：旅游地标性建筑

高速公路S7、S11、S92、S15都可以在嘉兴市海盐郑家埭村的海盐枢纽向南进入杭州湾跨海大桥。杭州湾跨海大桥的护栏被涂成了彩虹般的7种颜色，每

❖ 杭州湾跨海大桥

杭州湾跨海大桥建成后，其长度超越了连接巴林与沙特阿拉伯的法赫德国王大桥（1986年，长11千米，是当时世界上最长的跨海大桥），在青岛胶州湾大桥（2011年，36.48千米）和港珠澳大桥（2018年，55千米）建成后，成为世界第三长的跨海大桥。

杭州湾跨海大桥南岸、北岸各设有一处服务区，服务区内不仅引进了房车营地、汽车充电站、全自动洗车机、星级公共卫生间等特色服务，还提供WiFi网络服务、微波炉加热等诸多免费服务，为来往车辆提供便利。

❖ "海天一洲"整体形似"大鹏擎珠"

杭州湾跨海大桥是宁波人的骄傲,建大桥的资金主要是由宁波的私企出资的,因为有了建设杭州湾跨海大桥的经验,所以港珠澳大桥才更顺利建成。

"海天一洲"整体形似"大鹏擎珠",犹如展翅的雄鹰衔着一颗璀璨的明珠,又如一双巨手托起耀眼的珍珠,象征着长江三角洲区域高速发展、蒸蒸日上的经济形势,同时寓意着杭州湾两岸经济如大鹏展翅,越飞越高。

5千米一种颜色,由北向南分别为紫色、蓝色、青色、绿色、黄色、橙色和赤色,这不仅是大桥上的一道有趣的风景,而且还能提示司机里程距离,当车行至绿色护栏段时,会发现一处形如雄鹰展翅的海中建筑平台——"海天一洲",它通过4座匝道桥与杭州湾跨海大桥紧紧相连。

杭州湾为钱塘江入海口,以水流湍急著称,最大潮差7.6米,与南美洲的亚马孙河口、印度的恒河河口并称为世界三大强潮海湾。每逢大潮来袭时,站立在"海天一洲"的观光平台上,可感受到杭州湾江海交汇处的气势磅礴。

❖ "海天一洲"的观光塔

观光塔耸立在"海天一洲"观光平台东面,共19层,15层为咖啡厅、16层为主体观光层、17层为3D魔幻屋、19层为户外观景台,通过玻璃栈桥与观光平台连接。因塔顶球体运用特殊材质,在阳光照射下展现珍珠钻石般的形态和光芒,因而有了一个华丽的别名——珍珠塔。

"海天一洲"是建于杭州湾跨海大桥中段的唯一景区，也是一座让世人瞩目的旅游地标性建筑。该景区总面积41 700平方米，分为36 617平方米的观光平台和5100平方米、高145.6米的观光塔两部分，观光平台提供餐饮、住宿、休闲、娱乐、观光、购物等综合性特色服务；观光塔可俯视气势恢宏的杭州湾跨海大桥以及波澜壮阔的杭州湾。

"海天一洲"景区是宁波北大门的第一站，也是宁波和嘉兴两个城市共同的城市名片。

由"海天一洲"向南，经过杭州湾跨海大桥上的黄色、橙色护栏后，当行至红色（赤）护栏段时，就说明车已经快到大桥的终点宁波境内了。

❖ 杭州湾国家湿地公园

杭州湾国家湿地公园位于浙江省宁波市杭州湾新区西北部的杭州湾跨海大桥西侧，从杭州湾跨海大桥往南，过大桥到庵东出口下，即可到达。

杭州湾国家湿地公园总面积43.5平方千米，是我国八大盐碱湿地之一和世界级观鸟胜地。

方特旅游度假区位于杭州湾跨海大桥南岸，紧靠大桥，景区内主要的游玩点是传承中国历史文化的主题乐园——宁波方特东方神画，这是一个有故事的乐园，主要围绕民间传说、民间戏曲、经典爱情传奇、神秘文化、杂技与竞技、民间节庆、民间手工艺、综合项目8大类别进行区域划分。运用各种电光技术、实景模拟等全球顶尖技术，推出了《女娲补天》《千古蝶恋》《长城绝恋》《惊魂之旅》《神州塔》等20多个优秀的主题项目。

❖ 方特旅游度假区

在杭州湾跨海大桥的"海天一洲"以及大桥南北两处的服务站，可以品尝杭州和嘉兴的特色美味，如嘉兴五芳斋的粽子、绍兴臭豆腐、西湖醋鱼、龙井虾仁等，还能买到金华火腿、普陀山观音饼等特色食品。

杭州湾跨海大桥两边是看不到边的东海，这里的海并不是湛蓝的，反而有点浑浊，不过这并不能影响在大桥上驾驶车辆时的愉悦心情。

左岸公路

一边是青山，一边是蓝海

左岸公路是嵊泗列岛东海五渔村的一条自驾、骑行和徒步生态景观公路，公路沿海而建，每一次转弯都会邂逅让人意想不到的美景。

嵊泗的左岸公路非常漂亮，在2017年浙江省多部门联合举办的首届最美自驾公路、最美公路服务区（站）网络投票评比中，嵊泗左岸公路从浙江37条公路中脱颖而出，荣获网络投票全省第一名。

浪漫的海边公路

法国人天性浪漫，喜欢简单直接的表达方式，习惯把被塞纳河穿过的巴黎分为左岸和右岸两个部分，左岸集中了咖啡馆、书店、画廊、美术馆、博物馆等，是以文化为主的圣地；右岸则集中了王宫府邸、商业大街组成的权力

左岸公路沿线有自行车租赁点，可以租一辆自行车，沿着公路边骑行，边欣赏美景。也可以骑行进入路边的渔村，感受当地的民俗风情。

❖ 左岸公路边的自行车租赁点

17世纪，路易十四迁居于凡尔赛宫，左岸成了从巴黎去凡尔赛宫的必经之路，这时的左岸迎来了飞快发展的黄金时期。当时的达官新贵、社会名流纷纷来此建造公馆，慢慢形成了以文化知识界为主流的中产阶级社区，与右岸的王宫府邸、商业大街组成的权力和经济中心形成了鲜明的对照。

❖ 左岸公路

和经济中心。因此,在巴黎有一句话广为流传:"左岸用脑,右岸用钱。"同时也给巴黎的左岸和右岸打上了标签:"右岸是理性、物质的部分,左岸则是感性、浪漫的部分。"

嵊泗的左岸公路一边是绿意葱茏的青山,一边是波光粼粼的蓝海,同样拥有感性、浪漫的味道。

沿海生态景观线

左岸公路位于嵊泗列岛的泗礁本岛东北部,是东海五渔村的一条沿海生态景观线,全长 2.8 千米,2014 年,为了便

❖ 左岸公路

法国巴黎位于塞纳河南边的部分就是"左岸",而塞纳河北边的部分则是指"右岸"。

老鼠山是嵊泗列岛中非常有名的拍照打卡地,它是一块不大的礁石,侧看好像一只趴着的小老鼠,惟妙惟肖。

❖ 左岸公路沿途的老鼠山

❖ **东海五渔村的彩色房屋**

东海五渔村内自然分布着石屋,仿佛记录着所有随风而逝的海边岁月。在旅游热潮中,村落中的很多老房子都被画上了多彩的图案,变得非常醒目。

东海五渔村内充满渔家风情,许多人家都会在自己房屋外的墙壁上绘上壁画,大多和海洋元素有关,使这个小渔村变得五彩缤纷。

❖ **东海五渔村房屋墙壁上的绘画**

利岛上的村落交通,开辟了这条沿海公路。由于它位于岛屿的左侧,因而取名为"左岸公路"。

左岸公路不仅是一条自驾公路,而且还是一条骑行、徒步公路,在公路的一侧还专门设置了红色的骑行道。左岸公路的起点很明显,是一个由老木船制作的"东海五渔村"5个字的路牌,由起点沿着泗礁本岛的海岸线一直往东,一路上尽是蓝天、碧海,海面上的老鼠山在云雾映衬下如同一处仙境。此外,公路沿途还点缀着富有海岛特色的小景观,如石笼标识、石笼坐凳、八爪木桩、蟹笼路灯等,把左岸公路装点得格外美丽,游客随手一拍都能拍出秀美的精彩影像。

东海五渔村

东海五渔村既是一个传统与现代融合的渔村，也是一个海滨休闲胜地，它由泗礁本岛东北五龙乡的田岙村、黄沙村、边礁村、会城村，以及黄龙乡的峙岙村组成，左岸公路连接了除黄龙乡的峙岙村之外的五龙乡的4个村，沿途主要景点有六合朝阳、大悲山、元宝山，以及两个不错的沙滩，可供游人游玩。此外，无论是在左岸公路自驾、骑行还是徒步，抑或是游玩累了，都可以找到咖啡店、民宿、餐馆、酒吧等休闲场所，喝一杯咖啡或清茶，或躺在民宿的观景阳台上吹吹海风，或干脆敲开当地人的家门，体验纯正的渔民生活。

如果说法国巴黎的"左岸"是"感性、浪漫"中透着小资和艺术，那么嵊泗的左岸公路则诠释了海岛所有的精彩。

❖ 从大悲山顶俯瞰姐妹沙

大悲山山脚下是左岸公路，公路左边是南长途沙滩，大悲山右边是基湖沙滩。

大悲山位于东部田岙村，因佛教观音文化中的大慈大悲而得名，为嵊泗列岛第三高峰。其西连群峰，东濒大海。

❖ 大悲山景区内的寺庙

孟买海滨大道

女 王 的 项 链

如果说孟买是"印度城市中的皇后",那么孟买海滨大道就是"女王的项链",它面对阿拉伯海,形似一弯新月,镶嵌在美丽的海滩上。

孟买海滨大道是印度孟买南部一条3.6千米长的林荫大道,它是由已故慈善家巴戈特·基尔和帕隆基·密斯特里于1920年出资修建的,犹如一弯新月镶嵌在美丽的海滩之上,被誉为"女王的项链",吸引了世界各地的游客。孟买海滨大道北起马拉巴山,距离甘地故居博物馆、巴布尔寺不远,沿着天然海湾线呈"C"字形一直向南延伸到中国驻孟买总领事馆和孟买国家艺术中心附近。

孟买海滨大道是一条由混凝土浇筑的、六车道的海边公路,大道东边是错落有致、具有强烈装饰艺术风格的高楼群,它们既如同人造悬崖峭壁,也如钢筋水泥筑

❖ **孟买大学**

孟买大学是孟买海滨大道沿线的一所大学。校园的建筑具有非常典型的欧洲哥特式风格,由英国建筑师乔治·吉尔伯特·斯科特设计。孟买大学创建于1857年,是印度3所历史最悠久、规模最大的综合性大学之一,被NAAC评为五星级大学。著名校友包括获得"世界小姐"头衔的宝莱坞女星艾西瓦娅、被称为"宝莱坞舞蹈女王"的女星麦都里和"世界富豪塔塔家族"的创始人贾姆希德吉·塔塔。

❖ 孟买海滨大道

❖ 远观孟买海滨大道

造的"丛林",这些"丛林"中有大量的商店、餐厅,以及随处可见的商贩,是孟买南部繁华的商业区;大道西边是海湾大堤,大堤外是海滩和波光粼粼的阿拉伯海,这里可谓印度最漂亮、最干净和氛围最祥和的地方。

甘地故居博物馆

孟买海滨大道北端往北不远处就是甘地故居博物馆。甘地故居博物馆底层是图书馆,藏有和甘地相关的 2 万余册书籍,二层是甘地曾经的卧室,里面展出了甘地生平的相关介绍和甘地使用过的实物,其中还有当年他写给罗斯福和希特勒的信。

❖ 千人洗衣场

千人洗衣场因印度电影《贫民窟的百万富翁》而成为孟买的网红打卡点,据说孟买所有酒店换洗的东西都会送到千人洗衣场。大约有 2500 人长期居住在洗衣场中,洗衣服是他们世代相传的工作。千人洗衣场虽然离孟买海滨大道稍远,但是作为印度特色,不妨抽时间去看一看。

甘地也称作"圣雄甘地",他是印度最伟大的政治领袖,是他带领印度迈向独立,脱离英国的殖民统治。1917—1934年,甘地曾多次到达孟买,甘地故居博物馆就是由此期间甘地的居住地改建而成,如今已经成为印度人追求国家精神的象征之地。2010年11月,美国总统奥巴马携夫人米歇尔曾造访此地。

印度门:孟买的象征之一

沿着孟买海滨大道往南途经焦伯蒂海滩,继续往南至中国驻孟买总领事馆北边,再往西行驶,不远处的阿波罗码头边有印度南部非常有名的标志性建筑——印度门。

❖ 甘地故居博物馆内

印度门是孟买最热闹的地方之一,大部分时间这里都聚集着世界各地的游客,还充斥着各种商贩和乞丐。

❖ 印度门

焦伯蒂海滩是孟买海滨大道最知名的休闲之地,它是当地人最喜欢的消遣地点之一,海滩上有各种各样的小贩和大排档。每当象头神节期间,这里会聚集上百万人庆祝。

24

印度门与欧洲的凯旋门极为相似,是一座高26米、融合了印度和波斯元素的古吉拉特式建筑拱门,它建于1911年,为纪念来访的英王乔治五世和玛丽皇后而兴建,以示孟买是印度的门户。如今,它已经成为孟买的象征,是市政府迎接各国宾客的重要场地。

孟买海滨大道沿途不仅历史人文景观可圈可点,而且各种美景还经常出现在宝莱坞电影中,是消闲、散步的好去处,其数千米长的海湾吸引人们汇聚于此观看日落或日出,欣赏道路边的现代化建筑,尤其是晚上,孟买海滨大道灯火辉煌,宛如一道亮丽的风景线,更让人不愿意离去。

> 孟买海滨大道是休闲观光的好地方,大道旁高档住宅林立,沿路的楼房价格是孟买最高的,很多富豪都居住在这里。

贾特帕拉蒂·西瓦吉(1630—1680年),17世纪印度次大陆德干地区马拉塔王国(马拉特联邦)的缔造者。他的雕像位于印度门附近。

❖ 马拉塔大君西瓦吉的雕像

苏花公路

让人爱恨交织的公路

苏花公路是一条可以观看太平洋海景与峭壁山色的道路，号称我国台湾地区最美的"景观公路"，由于它常会在遭遇暴雨时塌方，因而又称为"死亡公路"，对自驾者来说，这是一条让人爱恨交织的公路。

苏花公路依海岸线修建，间或蜿蜒进入平坦的河口三角洲腹地，它是我国台湾地区东海岸一条往来南北的交通要道和世界著名的景观公路。

始建于清朝

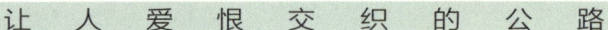

❖ 苏花公路美景

苏花公路的历史可追溯到清朝同治十三年（1874年）修建的北路，在北路修建之前，原住民的交通和贸易基本全靠海路，陆路仅东西方向有狩猎路线和部分村落之间的小道，清政府在开山抚番的政策下，为宣扬国威、防堵海寇、移民开垦、资源交流等，在当地沿海凿壁开山，修建了一条相当狭小、曲折的北路，而后几经荒废和重修。

1894年，日本发动甲午战争，翌年清政府战败，于4月17日被迫签订丧权辱国的《马关条约》，把我国台湾割让给日本。

日本占领我国台湾后，建立了众多军事防御工事，并在清政府修建的北路基础上扩路、造桥和开凿隧道，修建了"临海道路"。

第二次世界大战后，我国台湾被收复，"临海道路"改为"苏花公路"，又经过多年改建和扩建后，成为繁忙的南北交通路线。至1990年，"苏花公路"已可以双线通车，随着我国台湾地区的北回线铁路通车，这条公路的客运需求日渐降低，逐渐成为一条以景观公路、采石运矿和区域性交通为主的公路。

如今，苏花公路为我国台湾地区省道台九号线的一段，北方起点是宜兰县苏澳镇，南方终点则是花莲县花莲市，全长118千米，沿途一边是蔚蓝、浩瀚的太平洋，一边是峭壁悬崖，风光秀丽，景点众多。

苏澳冷泉：天下第一奇泉

苏澳镇的旅游资源得天独厚，旅游景点众多，有苏澳冷泉、白米木屐村、南天宫、无尾港水鸟保护区、武荖坑风景游乐区等，其中，位于苏花公路起点不远处的苏澳冷泉名气最大，也是苏澳镇的镇宝，有"天下第一奇泉"的美称。

❖ 穿过隧道的苏花公路

❖ 穿山而过的苏花公路

❖ 澳花瀑布

苏澳镇位于我国台湾地区的宜兰县，它是我国台湾东部的重要通道，是著名的苏花公路的起点，也是我国台湾铁路北回线起点和蒋渭水高速公路的终点。苏澳镇海洋渔业发达，澳渔港是我国台湾重要的近海及远洋渔业港口。

苏花公路沿线有仁和海滩、崇德砾滩等不错的景点，也是自驾游途中休憩的好地方。

❖ 苏花公路沿线的海滩

苏澳冷泉的泉水是呈弱酸性的碳质矿泉水，是世界上极其罕见的天然碳酸冷泉（仅意大利和苏澳镇有），它可直接饮用，口感如未加糖的雪碧。每年都吸引无数爱好泡泉的游客涌入此地，享受泉水。

澳花瀑布：苏花公路上的秘境

从苏澳镇沿苏花公路向南进入南澳乡境内，穿过汉本隧道，将车停靠在澳花溪边的停车场，然后再沿着蜿蜒山谷的小径，攀爬十多分钟即可到达凹陷在山壁中的澳花瀑布。

澳花瀑布的落差为47米，宽2~5米，整个瀑布区三面被峭壁悬崖包裹，瀑布下方有一处由水流冲击而成的瀑潭，瀑潭最深处达5米以上，水势由上而下，撞击瀑潭发出巨大的水声，蔚为壮观。

到访澳花瀑布的人很少，这是苏花公路周围的一处秘境，能让每个造访者有置身世外桃源之感。

观音亭更像是个纪念碑

苏花公路沿线多凶险，时常会有塌方和巨石跌落伤人的情况。1984年9月，苏花公路第二观音旧桥附近在进行弯道改造工程时，一块巨大的山石由山坡滚落在第二观音旧桥桥头北部引道处，但没有对工程造成任何损失，而且施工人员也没有伤亡。因此，当地善心人士在当地公路局的许可下，在这块巨大的石头上刻上了观音像，同时就地在苏花公路旁建了观音亭和莲花座。

如今，行至苏花公路第二观音旧桥附近就能看到这个不起眼的观音亭，它更像一个纪念碑，或者是警示牌，仿佛在告诉过往的车辆，在这条路上开车不可掉以轻心。

清水断崖：苏花公路上最惊险壮丽的景观

清水断崖为太平洋西岸大海崖区，位于苏花公路中部，是由崇德、清水和平等山临海悬崖所连成的一处绵延21千米的大石崖，悬崖平均高达800米，其中，清水断崖峰顶海拔达到2407米，

❖ 观音亭

❖ 著名的"崇德隧道"清水断崖的入口

清水断崖陡峭险峻，临崖远眺，碧波万顷，俯视则惊涛骇浪，夺人心魄。
❖ 清水断崖

❖ 七星潭骑行道是苏花公路上最美的一段骑行道

断崖形状如鞘，呈90度角直插入太平洋，绝壁万丈，气势雄伟，号称"世界第二大断崖"。

清水断崖长度有十几千米，苏花公路凭借着一个个隧道穿梭其间，时隐时现，崖壁下方是惊涛骇浪、波澜壮阔的太平洋。这段公路是整条苏花公路中最惊险壮丽的代表景观，也是我国台湾地区的八大奇景之一。

七星潭：我国台湾地区十大危险海域之一

由清水断崖沿着苏花公路向南一直前行，即可进入花莲县境内，在苏花公路东侧不远处即是远近闻名的七星潭。

七星潭突出于山脉，是一个绵延20多千米长、100米宽的新月形海湾，如今是花莲县重要的渔产区，七星潭西侧是连绵起伏、纵贯我国台湾岛的中央山脉，东面是蔚蓝而浩瀚的大海，海湾清澈无暇。七星潭的海滩大多是由砾石组成，是花莲近郊踏浪捡石的最佳去处，但是这里风浪很大，被评为我国台湾地区十大危险海域之一。

❖ 七星潭鹅卵石

七星潭海边有大量的鹅卵石，形状非常漂亮。

七星潭没有"潭"

七星潭的"潭"在哪里？其实最早七星潭并不在这里，而是在花莲机场一带，为低洼的湿地，有数个大小不一的湖泊。传说，从前在这里看北斗七星最清楚，所以被称为"七星潭"。

1936年，日本人将原七星潭地区的部分湖泊填平，兴建"沿海飞行场"。原七星潭的居民们被迁至如今的海湾一带，因为习惯，这些人仍自称是"七星潭人"。因此这片海湾也被称作"七星潭"。

七星潭的历史可追溯到清朝，在清朝的《台湾舆图并说》的台湾后山总图里，标示着花莲有几处低洼的湿地，这些大小不等的湖泊就是七星潭。

七星潭的海岸线上还有一条 15 千米长的海边骑行道，有众多的骑行爱好者经常在此骑行赏景，呼吸着新鲜空气。在骑行道朝海的一侧，经常可以看到有人在海边钓鱼、捡石子、抓贝壳。

最美的"死亡公路"

苏花公路依山傍海，景色绝美，同时，这段路沿途有多处山峰，而这些山体大多以土石结构为主，时常会发生塌方或滑坡，造成人员伤亡，因此也被称为"死亡公路"。

仅 2010 年，因台风"梅姬"在苏澳镇登陆，造成山体塌方，落石击中苏花公路上一辆载满游客的旅游巴士，造成 26 人死亡，其中有大陆游客 20 名，这是一起最严重的大陆赴台游客交通事故之一。从此之后，这条路上的旅游大巴少了，但是却多了很多自驾者和摩托旅行者，他们不仅仅是为了寻访美景，也是为了征服这条"死亡公路"。

❖ **花莲薯**
我国台湾地区花莲县的有名美食有麻糬、花莲薯、扁食、小米麻糬、羊羹、小月饼等。花莲薯不仅口感好，外形更是让人喜爱，是带给亲朋好友的佳品。

苏花公路沿途有许多为纪念那些在公路铺设和架桥开山的过程中不幸遇难的公路建筑者而设立的纪念碑。

在苏花公路上行驶时，常会遇到因落石、塌方等事故而导致道路封闭的情况，只能绕道而行。

苏花公路沿线有很多地方不能使用无人机航拍，比如，七星潭旁边是个军用、民用混合的机场，因此禁止使用无人机，禁止放气球、风筝和孔明灯，所以在七星潭也是不能航拍美景的。

苏花公路沿岸海底落差急遽下降，加上黑潮流速强，不适合亲水活动，曾发生多起落水者意外伤亡事故，需特别留意。

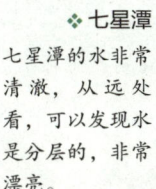

❖ **七星潭**
七星潭的水非常清澈，从远处看，可以发现水是分层的，非常漂亮。

海云通道

被 遗 弃 的 完 美 彩 虹

海云通道是世界上最美的海岸公路之一，英国汽车节目《疯狂汽车秀》的著名主持人杰里米·克拉克森曾说"越南海运通道是一条'被遗弃的完美彩虹'"。

《漫游杂志》评选的全球 10 条引人入胜的道路中，排行第一的是澳大利亚的大洋路，其后是美国加州 1 号公路中的大苏尔段，第三名是阿拉伯联合酋长国最大的山——艾莱茵的山路，第四名则是海云通道。

海云通道的最美地段距离岘港市区约 30 千米，其盘山而上，一边是茫茫大海，一边是葱绿树木，景色非常漂亮。

这里是越南最美的自驾公路，也是最美的摩托车骑行公路，可以一边骑行一边赏景，随时随地停下来拍照。

❖ 海云通道

美国著名旅游休闲杂志《漫游杂志》曾根据 PMG（Pentagon Motor Group）分析社交软件照片墙（Instagram）超过 700 万个标签，找出了世界上最令人惊叹的道路，其中，越南海云通道每千米拥有 2686 张照片，在全球 10 条引人入胜的道路中排名第四。

闻名海外的海云通道

越南的一号公路纵贯越南全境，全长 2300 多千米，长度居越南第一，它是越南的军事战略要道和经济运输大动脉，沿途有谅山、河内、顺化、岘

港、胡志明市、芹苴等主要城市和众多名胜古迹，而且融合了东方的神秘色彩和法国的浪漫风情，其中，岘港到顺化约 90 千米的海云岭段山路穿行在密林和山海之间，还经过 1172 米高的艾凡森山峰顶和遍布弹痕的古老法式堡垒，这段山路便是被称为世界上最美的海岸公路之一的海云通道。

❖ 海云通道：云海翻腾

过海云岭时常可以看到云海翻腾，云雾像瀑布一样由山头一泻而下，整个场景非常震撼。

海云岭是跨过长山山脉的一个尖坡，其平均海拔 470 米，最高的地方 487.7 米。这一段的海云通道弯弯曲曲长达 20 千米，是顺化市与岘港市之间的天然边界。

❖ 海云通道：发卡弯

❖ 海云关拱门上的牌匾

❖ 海云关拱门

海云关是一个野生旅游景点,不收门票,没有管理人员,甚至没有介绍和旅游标识,它是旅游团最爱的打卡地点之一。

在古代越南,海云关算得上"一夫当关,万夫莫开"的天险所在。当地人常说"过一次海云关,就像上了一回天一样"。

海云关:"天下第一雄关"

海云关岭上常年白云缭绕,与碧海蓝天融为一体,因此称作"海云岭"。

越南一号公路在海云岭把顺化和岘港两地隔开,其长达20千米的山路蜿蜒曲折,十分危险。自古以来,这里一直是越南的军事要地。

公元1826年,越南阮朝明命帝(1791—1840年)下令在海云岭峰顶建造了防御拱门,拱门北面的汉白玉牌匾上刻有"海云关"3个汉字,南面牌匾上刻有"天下第一雄关"6个汉字,意思是天下最雄伟的关隘。

❖ 海云关拱门旁的废弃建筑

海云关拱门旁边仅有的一些废弃建筑,疑似曾经为堡垒或者岗楼的部分,如今虽然已经废弃残破,但是却成为海云通道上打卡的景点,这处建筑常有人立于上面拍照。

海云关不仅将顺化和岘港分割成南北两地，它还是越南南北气候的天然分界线，尤其是冬季，更是能让人感受到顺化的湿冷与岘港的干温在此交融。

　　海云通道得名于海云岭，自古以来就是越南顺化和岘港之间的南北交通要道，后来这两地之间又开通了另外的公路，海云通道慢慢地被当地人废弃，变得人烟稀少，如今则成为游客绝佳的自驾路线，是越南一号公路最美的一段。

灵姑海滩是一个被灵姑湾环抱着的绵长海滩，这里四季如春，是岘港和顺化两地居民最喜爱的度假休闲之地，曾被美国《国家地理》杂志评为"一生必到的50个地方"之一。从海云关或海云岭可以俯瞰这里的全景。

❖ 灵姑海滩

八幡坂

日 本 最 美 的 一 段 坡 道

八幡坂被称为日本最美的一段坡道，道路沿线拥有函馆历史建筑保留最好的观赏地，道路的尽头镶嵌着碧蓝的海水，坡道直接与大海相连，风景极为优美，视角独特，常常出现在影视剧中。

❖ 八幡坂

函馆山是函馆市内唯一的一座山，位于函馆市区西端的沙颈岬，约3000年前，函馆山既是火山，也是岛。函馆的海拔高334米，方圆约9千米，外观好像牛躺卧一样，因此也被叫作卧牛山。

❖ 函馆山

在日语中，坡道被称为"坂"，日本北海道函馆山有18个"坂"，其中大部分位于元町区，而在元町区的众多"坂"中，八幡坂最著名。

函馆由函馆山向下延伸，它是日本最北的行政区北海道的南大门，也是北海道南部的行政中心。早在江户时代，函馆的元町区就曾是奉行所的设置地，日本开放后作为一个开放港城，函馆聚集了各国领事馆、教堂、洋馆等，至今在函馆各处依旧遗存大量的欧式建筑，其中元町区最具代表性。

元町区依函馆山的山势而建，多条"坂道"由高处通往海边，八幡坂是多条"坂道"中最具特色的一条。

八幡坂这个名字来自当地的一座八幡神社。1880年，该神社被大火烧毁后搬去谷地头町，不过，八幡坂这个名字被一直沿用下来。

八幡坂的起点在函馆山山脚，路面以石块铺成，笔直朝大海而去，止于函馆港，全长仅270米，道路两旁是一片历史建筑保护群，众多的欧式建筑穿插在日式民居之中，毫无违和感，这里便是典型的函馆街景。

无论是驾车、骑行或者徒步，从函馆山山脚沿着八幡坂陡然而下，道路的尽头是湛蓝的天空与函馆港，景致美如画，远处海面上来往的船只忙碌着，不论春夏秋冬，八幡坂以其独特的魅力，散发着一种优雅闲适的欧洲风情。

❖ **天主教元町教会**

函馆的天主教元町教会原为木造建筑，建于1877年，目前的建筑为1924年重建，和横滨的山手教会、长崎的大浦天主堂并列为日本最古老的教堂，是元町区的标志性建筑，距离八幡坂约174米，是到八幡坂的必游景点。

八幡坂一年四季都有不同的美景，冬天长长的坂道覆盖上厚厚的一层积雪，美得让人窒息。

元町公园离八幡坂不远，在元町公园可以看到整个函馆港，公园内有函馆旧公会堂、英国驻函馆旧领事馆、教堂等，是八幡坂的必游景点。

❖ **红房子群**

红房子群位于八幡坂尽头的函馆港边，是由金森红砖仓库、金森博物馆、明治馆等红色建筑组成，由红房子向上，上坡后右转可以去往元町教堂区，左转是函馆山缆车。红房子群是八幡坂一处打卡胜地。

欧洲篇

克罗地亚 8 号公路

遇 见 最 美 的 景 色

克罗地亚 8 号公路是克罗地亚狭长的海岸线上的著名风景公路，沿途拥有绝美的亚得里亚海海景和点缀在公路沿线的迷人小村、乡镇和城市，每一处风景都充满了无尽的魅力。

克罗地亚 8 号公路又称为 D8 公路、D8 洲际公路，它是克罗地亚东南漫长的亚得里亚海海岸线上的一条公路，也是亚得里亚海东岸最美的海岸公路，沿途是苍翠的群山和湛蓝的大海。

修建于南斯拉夫时期

克罗地亚 8 号公路修建于 20 世纪 60 年代，当时克罗地亚仅是南斯拉夫的一个地区。自 20 世纪 50 年代起，每年有近千万名游客进入南斯拉夫。

为了推动沿海经济的发展，南斯拉夫花巨资在克罗地亚修建了一条依山傍海的公路——克罗地亚 8 号公路，主要用于运送物资和改善当地居民的出行，同时也为了促进沿海旅游业的发展。而后，20 世纪 90 年代克罗地亚独立，克罗地亚 8 号公路因沿线美景不断，成为克罗地亚一条主要的观光公路。

❖ 俯瞰克罗地亚 8 号公路

❖ 扎达尔海风琴景观

离斯普利特不远，在克罗地亚 8 号公路的延长线上有世界上有名的海风琴景观，它位于克罗地亚第五大城市扎达尔。扎达尔不仅是一座迷人的古城，也是东南欧著名的旅游胜地之一。它曾入选全球权威旅行杂志《孤独星球》评选的"十大最佳旅行城市"。

海风琴并非自然地质景观，而是人造景观，是由建筑师尼古拉·巴希奇一手打造的，每当涨潮或落潮时，随着水位变化，海浪轻轻地拍打着海岸，静心倾听，会从台阶中发出让人意想不到的音乐之声，犹如大海在演奏一般。因此，扎达尔被誉为"海风琴的故乡"。

世界级的美丽沿海公路之一

克罗地亚 8 号公路依山傍海，曲折蜿蜒，一边紧贴陡峭的比奥科沃山，一边直入蔚蓝的亚得里亚海，沿途美景仿佛无穷无尽，从斯普利特到杜布罗夫尼克之间长达 200 多千米的这段公路，是世界级的美丽沿海公路之一。

克罗地亚 8 号公路可自驾或乘坐观光车沿途欣赏美景，整条公路限速比较厉害（一般限速在 80 千米/小时以下），实际上即便不限速，车速也很难上去，因为整条公路的美景一处接着一处，几乎每辆行驶至此的车都会不由自主地放慢速度，让人们欣赏窗外的美景。

克罗地亚拥有超过 1000 座岛屿，但其中只有 50 座有人居住，且数量越来越少。

克罗地亚 8 号公路并非高速公路，其沿着亚得里亚海东岸蜿蜒前行，山脚下不时掠过稀疏的村镇，墨绿色的海水宛如湖水一般平静。

克罗地亚人福斯特·弗兰季齐于 1617 年制作了世界上第一个降落伞。

❖ 克罗地亚 8 号公路美景

克罗地亚 8 号公路入境波黑的时候，中国游客不需要任何签证，因为波黑已经对中国普通因私护照免签了。不过从波黑进入克罗地亚时需要按照克罗地亚边检的签证要求出示合法签证方能入境。

克罗地亚 8 号公路沿途除了斯普利特和杜布罗夫尼克之外，还有许多城市，如奥梅斯、布雷拉、玛卡斯卡、斯托恩等，中途也有许多乡镇供游客游玩，在公路沿海一边不远处的亚得里亚海中有众多小岛和海湾，因此，克罗地亚 8 号公路上行驶的车辆大部分都会走走停停，人们被满目的美景吸引，不禁流连忘返。

杜布罗夫尼克不仅是一座古城，还有绝美的海洋风光，被称为"亚得里亚海上的明珠"。

❖ 杜布罗夫尼克美景

❖ **波黑国境岗亭**

克罗地亚8号公路在斯普利特与杜布罗夫尼克之间有一个波黑国境岗亭，经过岗亭后便进入克罗地亚8号公路的波黑段，这段公路与克罗地亚8号公路其他地方一样依山傍水，它位于波黑涅姆境内仅有的24千米海岸线上，这段海岸线是世界上第二短的海岸线。在这段公路上开车十几分钟，就会看到另一个岗亭，通过岗亭后就又回到了克罗地亚境内的8号公路上。

克罗地亚8号公路并非全部属于克罗地亚，其中有一小段位于波黑国境内。

克罗地亚8号公路边的每一个小镇都让人感觉风情万种，有古老的教堂，光溜溜的石板街道，还有装饰得十分温馨的海边露天餐厅。

戴克里先宫于公元295—公元305年建造，占地近4公顷。它位于克罗地亚的斯普利特市，是一座宏大壮丽的海滨堡垒和豪华巨型乡间别墅。

❖ **戴克里先宫**

41

❖ 《权力的游戏》中的地窖
戴克里先宫的地下宫殿如今是一座博物馆，它是《权力的游戏》中龙妈丹妮莉斯关押龙的地窖。

斯普利特

斯普利特是克罗地亚南部的港市和第二大城市，位于亚得里亚海东岸，是达尔马提亚地区第一大海港，也是克罗地亚的历史名城、疗养和游览胜地。

斯普利特的历史非常悠久，公元 3 世纪时曾经是古罗马帝国的重要都城，是一座濒临海边的古堡。

斯普利特是该地区最古老的城市，整座城市的建筑是以罗马皇帝戴克里先的夏宫为核心发展起来的，在罗马时代叫"阿斯帕拉托斯"，后改称"斯帕拉托"和"斯普利特"。

斯普利特不但有辉煌的历史、古老的建筑，城内还有大量的博物馆与美术馆，拥有大量珍贵的藏品。斯普利特的海滨还有迷人的棕榈长廊，长廊的尽头可通往克罗地亚 8 号公路的起点。

❖ **马尔科·马鲁利奇**

斯普利特是克罗地亚大作家马尔科·马鲁利奇的故乡。1501 年，他在斯普利特完成了自己最著名的史诗作品《朱迪塔》，其于 1521 年在威尼斯出版后被认为是现代克罗地亚文学的基石。

斯普利特的电影业可以追溯到 20 世纪早期，最早在斯普利特从事电影业的是约西普·卡拉曼。

拉古萨（杜布罗夫尼克）在 15—16 世纪达到巅峰时期，它在那时的实力可以与威尼斯及其他意大利的海洋共和国一较高下。

克罗地亚人的方言种类太多了，因此，本国人之间也时常听不懂对方在说什么，其官方语言为克罗地亚语。

❖ **杜布罗夫尼克古城墙**

杜布罗夫尼克城墙是当地的标志性建筑，始建于 7 世纪，全长超过 3 千米，围绕着杜布罗夫尼克老城，城墙上拥有完美的炮塔系统，这里被认为是中世纪时期最伟大的防御系统之一，从未被敌军破坏过。

❖《权力的游戏》取景地

这是著名美剧《权力的游戏》里君临城的取景地，其位于杜布罗夫尼克古城墙靠海的一面。

❖ 杜布罗夫尼克的老房子

杜布罗夫尼克

杜布罗夫尼克位于达尔马提亚海岸南部的一座石灰岩半岛上，是克罗地亚东南部港口城市，也是克罗地亚 8 号公路的终点。

杜布罗夫尼克的古名为"拉古萨"，最早建于 7 世纪，中世纪时是亚得里亚海的贸易中心城市，因此，整座城市遍布众多风格的古建筑，如罗马风格、哥特风格、文艺复兴风格和巴洛克风格等。杜布罗夫尼克依山傍海，林木茂盛，风景绮丽，气候宜人，城市周围海域岛屿星罗棋布，是克罗地亚最著名的旅游胜地之一和著名的疗养胜地。

乔治·萧伯纳曾说过："如果你想看到天堂到底是什么样子，那么去杜布罗夫尼克吧！"

赫瓦尔岛

克罗地亚 8 号公路沿途除了有古城外，还有众多风景绚丽的小岛，赫瓦尔岛就是其中之一。

赫瓦尔岛是克罗地亚最珍贵的岛屿之一，这里每年拥有 300 天阳光明媚的时间，岛上有时髦的酒店、高档餐厅和水边酒吧，水边酒吧里经常有欧美明星的表演，还有点缀着不同历史人文情怀的小镇。

特斯拉汽车的命名就是为了纪念发明交流电的克罗地亚人尼古拉·特斯拉 (Nikola Tesla)。

世界上第一家失恋博物馆开设在克罗地亚首都萨格勒布，收集着来自世界各地的爱情"遗物"与失恋故事。

❖ 杜布罗夫尼克最繁华的街道

这是杜布罗夫尼克老城内最繁华、最华丽的一条街道，夜晚显得格外的安静，整条街道有300米长，街道上遍布不同时代风格各异的建筑，多座小巧而精致的巴洛克风格的教堂分布在街道两旁，大多著名的建筑都是沿着此街道而建。

❖ 赫瓦尔岛的杜波维卡海滩

❖ 赫瓦尔岛美景

在赫瓦尔岛你常会和隐姓埋名的名人擦肩而过,这里的美,不仅吸引了行驶在克罗地亚8号公路上的游客,还吸引了来自全球的名人。

在赫瓦尔岛最有趣的游玩方式是骑行。你可以租赁专供游客使用的摩托车或自行车沿岛环行。放眼望去,不同层次的紫色、灰色、绿色覆盖在连绵起伏的山丘上,与亚得里亚海湛蓝的海水交织成粗犷而野性的美景。

赫瓦尔岛是克罗地亚第四大岛,面积近300平方千米。

赫瓦尔岛是一座开放的岛屿,乘坐游轮到此不用签证。

赫瓦尔岛的常住人口有11 000多人,有20多个居民点,主要城镇是赫瓦尔、斯塔里格勒和耶勒萨。

❖ 薰衣草

赫瓦尔岛是地中海最大的天然薰衣草产地,所以又名"薰衣草岛",每入夏季,漫山遍野都是紫色的薰衣草,香气袭人,迷醉全岛。

北海岸 500 公路

环 苏 格 兰 高 地 公 路

苏格兰的北海岸 500 公路沿途视野开阔、单纯又热烈,令人心生向往。它沿着苏格兰北部海岸线转了一圈,被誉为"世界最美的 6 条沿海公路"之一。

北海岸 500（North Coast 500,简称 NC500）公路围着整个苏格兰北部海岸线环绕一圈,全程约 800 千米,将苏格兰北部高地的大部分绝美景观囊括在内。

围着苏格兰北部海岸线转了一圈

北海岸 500 公路始于苏格兰北部城市因弗内斯,向西横穿苏格兰北部陆地到达西海岸的阿普克罗斯,由阿普克罗斯沿着西海岸往北至希尔代格,这段路是北海岸 500 公路的精华路段,沿着西海岸再往北,一直到达苏格兰最西北端的杜内斯,再由杜内斯沿着北海岸往东到达约翰岬角（苏格兰最北角的村庄）,再由约翰岬角沿着东海岸向西南走,回到起点因弗内斯。

❖ 北海岸 500 公路

❖ 北海岸 500 公路向西的尽头是阿普克罗斯

北海岸 500 公路的单行车道路和险峻路段，如盲区转弯处、落石等路况不好的路段的路边常会有"Passing Place！"等提示避让的指示牌。

❖ 休尔文山边的北海岸 500 公路的车道

❖ 北海岸 500 公路，苏格兰东北角

北海岸 500 公路围着苏格兰北部海岸线转了一圈，经由美丽的西海岸、崎岖的北海岸和略显古典的东海岸，沿途可欣赏的美景众多，有绵延的本霍普山和休尔文山，有色彩斑斓的树林和岩石，有飞流直下的瀑布，有充满厚重历史感的阿德瑞克古堡，有孤冷静怡的阿克梅尔维西海滩和多诺赫海滩，还有浓缩苏格兰高地所有魅力的天空岛。除此之外，北海岸 500 公路沿途还散布着众多古镇，它们宁静优美，值得每辆在北海岸 500 公路上行驶的车停下来慢慢欣赏。

北海岸 500 公路沿途有许多这样的私人别墅，让每个路过的人都觉得神秘。

❖ 海边的别墅

❖ 北海岸 500 公路沿途的古堡
北海岸 500 公路沿途有众多各个年代的废弃古堡，以及各种废弃的要塞。

❖ 北海岸 500 公路沿途崎岖蜿蜒的山路

世界上最美的 6 条沿海公路之一

　　北海岸 500 公路是英国现任国王查尔斯三世还未继任国王时，为振兴苏格兰北部高地而提出的概念，2015 年 6 月正式开辟为一条沿海旅游路线。这条沿海旅游路线并非新建设的，而是由海岸线上原先存在的公路相互将沿线的湖泊、高山、荒原、海湾以及各处人文景观等观光点打通，规划而成的一条展现历史、风俗、美食、自然风光的观光公路。比如，其中最美的一段——阿普克罗斯至希尔代格的公路是在1970年前就已经存在的沿海公路。

北海岸500公路推出后2个月就被著名旅游杂志《马上旅行》评为"世界上最美的6条沿海公路"之一。

因弗内斯

公元6世纪，皮克特人就在因弗内斯建立了人类居住点，而后逐渐成为苏格兰北部的人口聚集地。如今，它依旧是苏格兰北部高地唯一的城市，也是高地的首府和最大的城镇，有"高地之都"之称。

因弗内斯是北海岸500公路的起点和终点，它位于默里湾的西南端、苏格兰大峡谷的尽头，苏格兰大峡谷朝西有尼斯湖、奥克湖和洛奇湖；因弗内斯城堡、因弗内斯博物馆和美术馆、英国最偏北的大教堂——因弗内斯大教堂、考德城堡等景点都位于因弗内斯境内，因此，它也是英国北部著名的旅游胜地。

神秘的尼斯湖

尼斯湖就位于因弗内斯西边，沿北海岸500公路开车仅需半小时即可到达。尼斯湖湖水向东汇聚成尼斯河，穿过因弗内斯市区流入默里湾。

❖ 因弗内斯城堡

因弗内斯城堡位于因弗内斯的最高处，始建于1057年，几经修建，如今看到的城堡最后修建于1847年，不过城堡中依旧保留了不少翻建的历史痕迹。

因弗内斯大教堂也叫圣安德鲁大教堂，位于尼斯河西岸，它建于1866—1869年，是英国最偏北的大教堂。因弗内斯大教堂门前的街道是因弗内斯最繁华的地方，两旁都是古香古色的老建筑。

❖ 因弗内斯大教堂

❖ 尼斯湖

尼斯湖是从因弗内斯出发环北海岸 500 公路的第一站。

尼斯湖水怪的最早记载可追溯到公元 565 年，爱尔兰传教士圣哥伦巴和他的仆人在湖中游泳，水怪突然向他的仆人袭来，多亏圣哥伦巴及时相救，他的仆人才游回岸上，保住性命，自此以后，有关尼斯湖水怪的消息层出不穷。

从 1933 年公布第一张"尼斯湖水怪"的照片和第一篇介绍"尼斯湖水怪"的故事出现在报纸上以后，已经有 4000 份所谓"尼斯湖水怪"的目击材料，尼斯湖畔还建了一个"尼斯湖水怪博物馆"。

厄克特城堡的历史可以追溯到 6 世纪，最早的时候，它是由皮克特人建造的木头城堡，如今看到的城堡遗迹是 13 世纪时由艾伦·杜尔特修建的。

厄克特城堡地处峡谷，军事位置十分重要，因此，它长期为皇家所拥有。

据说 1691 年，为了防止被雅各人占领，守军自行将其炸毁，如今只剩下残垣断壁在述说着那段历史。游客站在古堡遗址上可一览广阔的尼斯湖和幽深的峡谷，感受着传闻中水怪的故事，这让这座历史悠久的古堡增添了几分神秘感，也给北海岸 500 公路增添了几分乐趣。

❖ 厄克特城堡遗址

尼斯湖是英国第三大淡水湖，其长 37 千米，最宽处 2.4 千米，面积并不大，却很深，其平均深度达 200 米，最深处有 298 米。另外，尼斯湖的水温非常低，湖水并不通透，因此并不适合游泳。它因尼斯湖水怪而成为苏格兰高地的知名景点。

除了尼斯湖水怪外，背山面湖的厄克特城堡（遗址）也是尼斯湖乃至整个苏格兰高地最值得观看的风景，它是苏格兰高地最知名、最大的古堡之一。

格伦芬南高架桥

从尼斯湖沿着北海岸 500 公路继续朝西前行，即可以到达一处著名的景点——格伦芬南高架桥，它是《哈利·波特》系列电影的取景地之一，电影中"霍格沃茨快车和飞翔的蓝色福特轿车穿过西部高地，飞越格伦芬南高架桥的场景"便是在这里拍摄的。如今，这里成为北海岸 500 公路的打卡地，因为每天上午都会有一趟从威廉堡开往马莱格的"JACOBITE"号蒸汽火车经过此处，火车经过大桥的画面是众多《哈利·波特》系列电影的粉丝以及摄影爱好者拍摄打卡的场景。

如果是自驾，需要早点到达格伦芬南高架桥，否则会因无法找到停车场而错过欣赏小火车开过的场景。

阿普克罗斯

沿着北海岸 500 公路一直往西走，道路的尽头便是一个与世隔绝的小渔村——阿普克罗斯，

❖ 烟雾缭绕的格伦芬南高架桥

❖ 阿普克罗斯的发卡弯

这里几乎没有手机信号，更没有网络，在这里无法刷手机，唯一能做的事就是享受自然。

阿普克罗斯段的北海岸500公路非常难走，既有笔直的大道，也有弯弯曲曲的山道，坡度接近20%，而且多发卡弯，对自驾爱好者来说，是不可多得的可以享受驾驶乐趣的地方，但是对新手司机来说却是一个考验。

阿普克罗斯还是一个十字路口，朝北是苏格兰西海岸线的北海岸500公路，朝东南则会到达有名的天空岛。天空岛并不在北海岸500公路沿线，但却是必游的景点。

爱莲·朵娜城堡

在阿普克罗斯西南、苏格兰高地著名的天空岛入口不远处是风景优美的杜奇湖，湖中的小岛上有一座城堡——爱莲·朵娜城堡。

爱莲·朵娜城堡四面环水，仅有一座石桥与陆地相连，是拍照、摄影的绝佳之地。爱莲·朵娜城堡和它的名字一样非常有诗意，苏格兰几乎所有的旅游宣传资料上都有它的影子。

❖ 爱莲·朵娜城堡

爱莲·朵娜城堡是苏格兰被拍摄最多的古迹,也是很受欢迎的婚礼场所和电影取景地。在该地取景的电影包括《杜里世家》《福尔摩斯私生活》《挑战者》《超时空战士》《爱情的证明》《黑日危机》《伊丽莎白:辉煌年代》《理性与感性》《新郎不是我》《007黑日危机》等。

爱莲·朵娜城堡古老的防卫墙上的护城炮和武器,让你能感受到几个世纪的沧桑。

❖ 爱莲·朵娜城堡的城墙

爱莲·朵娜城堡的历史可以追溯到公元1220年,最早用来防御维京海盗的袭扰,后来相继成为麦肯齐家族、马克雷家族的要塞,历史上,日耳曼人、维京海盗,以及后来的西班牙人都曾在这里登陆。1719年5月,被英国皇家海军3艘巡防舰摧毁,从此该城堡变成废墟,持续了200多年。

❖ 阿尔德夫瑞克城堡

阿尔德夫瑞克城堡修建于16世纪，经历了几百年的战火摧残，如今仅剩下残垣断壁。

❖ Am Buachille 海滩

爱莲·朵娜城堡位于苏格兰西海岸的海湖交界处，历史上常遭受入侵，因此，13世纪时这里就建有抵御维京人的城堡，而后城堡多次易主，又多次被摧毁，直到1919—1932年，该城堡被人买下后重建，便成了如今的模样。它是苏格兰被拍摄最多的古迹，也是很受欢迎的婚礼场所和电影取景地，被称为英国最美、最浪漫的城堡。

西海岸的美景层出不穷

从阿普克罗斯沿着北海岸500公路往北走100千米，有一段路会经过被冰河冲刷和海风侵蚀的岩石山，看上去十分荒凉，不过山体并不陡峭，可以选择在此驻车攀登，徒步而上，感受一次自驾途中的徒步之旅。

由岩石山继续往北，途经一个荒凉的湖泊——亚辛湖，湖边伫立着一座废弃的阿尔德夫瑞克城堡的残壁。

继续沿着北海岸500公路往北走，沿途会经过被陡峭山崖环绕的沙林海湾，该海湾环抱着美丽的Am Buachille海滩。海滩边比较平整干燥，有陡峭的悬崖和舒心的沙滩，适合搭建帐篷，在此稍作休息后可继续上路。

❖ 巴尔纳凯尔海滩

杜内斯

从沙林海湾继续向北,沿着北海岸500公路可行至苏格兰最西北部的杜内斯,杜内斯是苏格兰北海岸边的小村庄,它和苏格兰高地北海岸沿线的大部分村庄不一样,这里相对比较热闹,因为在它不远处有苏格兰北部著名的白沙滩——巴尔纳凯尔海滩,还有阿克梅尔维奇湾和盖洛克海滩等。此外,离巴尔纳凯尔海滩不远处还有一个巨大的斯莫洞穴,洞穴顶部的水流形成一道瀑布,沿着洞穴峭壁奔流入大海。

杜内斯因周边有海滩、洞穴等景点而成为北海岸500公路上最多游客逗留的小村庄,这里是过往车辆补给和游人休憩的最佳场所,能让久居城市的人们的心理压力得到释放。

约翰岬角

从杜内斯出发,沿着北海岸500公路一直朝东,沿途仍然是苏格兰高地特有的荒凉和冷峻的风景,一直朝东就能到达大不列颠岛的最北点——邓尼特角和苏格兰最北端的地标——约翰岬角,它们就位于北海岸500公路

斯莫洞穴是一个天然形成的石灰岩洞穴,洞穴顶部的瀑布水流沿着洞穴峭壁蜿蜒流下,一路流向大海。

❖ 斯莫洞穴

❖ 邓尼特角，北海岸 500 公路上的打卡之地

这块像墓碑一样的石碑，实际上是一个地标牌，如果不是看到上面有"WELCOME"的字样，大部分人都会以为邓尼特角只是墓碑的主人的名字。

这是英国女画家琼•凯瑟琳•哈丁•埃德利（1921—1963 年）的作品。埃德利是苏格兰最受欢迎的艺术家之一，因绘制的格拉斯哥街头流浪儿童的画像以及苏格兰东北海岸渔村和周围的风景而闻名。

❖ 画家笔下的苏格兰北海岸

❖ 约翰岬角，北海岸 500 公路上的打卡之地

的最东北角。其实，约翰岬角并没有什么特别的风景，不过作为北海岸 500 公路上的打卡之地，它是每辆途经此地的车都会停留的地方。

邓尼特角和约翰岬角相距不远，这里有一座白色灯塔和一块刻有大不列颠岛最北点的石碑。在北边海洋之中还有奥克尼群岛和设得兰群岛等，它们已经偏离北海岸 500 公路太远了，这里就不详细介绍了。

邓罗宾城堡

从约翰岬角出发，沿着苏格兰高地东海岸的北海岸500公路往南，沿途会经过几个著名的冷水渔港，它们古典而浪漫，一些世界著名的威士忌酿造厂位于此。继续向南就可以看到邓罗宾城堡，它坐落于海滨，被誉为"苏格兰最美丽的城堡"之一。

邓罗宾城堡是一座古朴的建筑，三面临海，景色极为壮观，在苏格兰人心中，它是一座属于童话世界的城堡，其建造者是19世纪的女伯爵邓罗宾，城堡的设计师是当时英格兰的著名建筑师查尔斯·巴里（著名的英国国会大厦便是他的代表作）。邓罗宾城堡规模很大（5.58平方千米），整体呈法国文艺复兴式和苏格兰高地宏大的气质相互融合的建筑风格，城堡中还有一个法国式的非常精致的花园。

邓罗宾城堡是一座古堡，但是它却更像是一座博物馆，古堡内珍藏了大量的名画、精美家具、古瓷器，以及上万册书籍等，其中大部分藏品来自公元5世纪。

由邓罗宾城堡继续往南，即可到达北海岸500公路的终点，也就是出发点因弗内斯。

畅行于北海岸500公路，眼前的美景一幕幕，偶尔还会有可爱的动物一晃而过，让人每时每刻都能感受到人烟稀少的苏格兰高地的独特风情。如此的驾驶乐趣，是世界上其他任何地方都无法体验到的，难怪北海岸500公路一经推出就获得了众多殊荣。

❖ 邓罗宾女伯爵

位于苏格兰高地的萨瑟兰的公爵爵位是一个联合王国头衔，老公爵死后，邓罗宾拥有继承权，但是依照当时的法律规定，女性无法继承公爵爵位，但是可以继承伯爵爵位。于是，邓罗宾继承了伯爵爵位，后来建造了这座邓罗宾城堡。

❖ 邓罗宾城堡中的烫金床

这张床是5世纪时荷兰公爵之妻艾琳的烫金床，是邓罗宾城堡中的无价之宝，据说1872年维多利亚女王访问这里时曾在上面睡过。

苏格兰"A87 公路"

辽阔苍凉的高地气质

"A87 公路"南北贯穿斯凯岛，沿途拥有异常美丽的海岸线、荒无人迹的宽阔高地、废弃幽深的古堡和高耸孤独的灯塔，给人一种浪漫、粗犷和孤寂的自然美。

❖ **斯凯岛荒凉之美**

斯凯岛大多为高位沼泽地（又称"泥炭沼泽"或"苔藓沼泽"，为沼泽发展的后期阶段），并不适合开垦种植，因此自古以来，斯凯岛一直很荒凉、贫瘠。

斯凯岛常有徒步者造访，当地政府为了徒步者的人身安全并防止迷路，在徒步路线上特别设置了许多指示牌。

❖ **徒步路线指示牌**

斯凯岛也叫天空岛，是苏格兰西部赫布里底群岛中最大、最北的岛屿，岛长约 50 千米，最宽处不到 8 千米。"A87 公路"是斯凯岛上的主要公路，由东南向正北贯穿该岛，又向东西方向延伸出数条公路，连通了岛上几乎所有的美景。

海盗眼中的世外桃源

斯凯岛是英国的世外桃源，这里远离世俗喧嚣，保留着大自然最纯净、最原始、最神秘的美，一直被誉为"英国最美的地方"，也有人把这里称为离天空最近的岛。

斯凯岛在挪威语中的意思是"云之岛",据说曾有一群维京海盗来到苏格兰高地的西北海域,发现了这座岛屿,他们原本打算上去劫掠一番,却发现整座岛都被迷雾笼罩着,如在云中,好似登临仙境,于是这群维京海盗放弃了劫掠的念头,离开了这座岛,小岛因此得名"云之岛"。

❖ 斯凯岛大桥

斯凯岛大桥将斯凯岛与苏格兰本土连接到了一起,使交通变得便利,每年来到斯凯岛的游客逐年增多。

斯凯岛大桥:为世人打开天堂之门的仙境之桥

斯凯岛与苏格兰本土的衔接点是斯凯岛大桥,它距离北海岸500公路很近,位于爱莲·朵娜城堡不远处。斯凯岛大桥修建于1995年,它横跨洛哈什海峡,是到斯凯岛自驾游的第一站。由苏格兰本土经由斯凯岛大桥进入斯凯岛,那一瞬间,人们就会被眼前的景象吸引,斯凯岛就像仙境一样,被云雾遮盖,不露真空,仿佛是"隐藏在空中的小岛"。因此,将斯凯岛与苏格兰本土连接在一起的斯凯岛大桥被称为"为世人打开天堂之门的仙境之桥"。进入斯凯岛之后便是岛上的主公路——"A87公路",它贯通斯凯岛南北,又辐射全岛几乎所有景点。

詹姆斯五世是英格兰国王亨利七世的外孙,伊丽莎白一世和爱德华六世的表兄,他出生在苏格兰的林利斯戈城堡,年仅1岁的时候继承了苏格兰王位。

❖ 詹姆斯五世

古老的海滨小镇:波特里

由斯凯岛大桥沿着"A87公路"一路向北,可到达斯凯岛首府——波特里,其意为"国王的港口",它的名字是苏格兰国王詹姆斯五世起的。

❖ **波特里小镇颜色粉嫩的小房子**
波特里小镇上的一排排颜色粉嫩的小房子，粉红、粉蓝、粉绿、粉黄，映衬着蓝色的天，是当地的一个地标，出现在很多明信片和摄影作品里。

❖ **奎雷因风景**

波特里位于斯凯岛东部一个天然形成的港湾内，拥有美丽迷人的港口，港内经常停满了各种游艇、帆船、渔船，甚至偶有军舰。每当夏季，这里就是度假的天堂。

波特里被群山环抱，景致如画，镇上的建筑精美无比，房子被鲜艳的色彩装饰，这里与圣托里尼张扬的色彩不同，显得更加沉静与清新。

波特里是一个恬静、古老的海滨小镇，半小时就能逛完，但它却是岛上最大的镇，也是全岛的交通枢纽，有多条公路在此与"A87公路"汇聚。

充满野性之美的奎雷因

由波特里沿着"A87公路"一直往北走，尽头便是斯凯岛乃至整个英国最有名的奎雷因山区，然后需要进入很窄的单行公路，在奎雷因山区穿行，游人可以徒步沿着山路攀爬，感受奎雷因的魅力。

奎雷因的岩石景观、悬崖峭壁呈现一种野性之美，在不同的天气状况下有不同的风貌。奎雷因山区渺无人烟，这里的道路弯弯曲曲，而且越来越窄，越来越陡，时不时夹杂着一些小湖泊、瀑布，尤其在风雨天气更显魔

幻，电影《魔戒》曾在这里取景拍摄。另外，充满浓郁中世纪色彩的电影《普罗米修斯》，以及其他众多的魔幻电影都曾在此取景。

奎雷因是斯凯岛上最令人震撼的风景之一，但由于经常发生山体滑坡和泥石流，这里的道路每年都要维修，而且很多单行公路对自驾者的技术要求很高，因此，很多人都会将车停在"A87公路"的尽头，然后租当地车辆进入山区。

登高处——老人峰

由"A87公路"分叉路向东，或者从奎雷因东部山区沿着海岸线往南，可以欣赏到斯凯岛最有名的景点老人峰——一根尖顶的石柱屹立在海边的山峦之上，远远看去，神似一个独自坐在海边的老人。老人峰这个词来自挪威语中的"Storr"，意思是伟大的人。老人峰是斯凯岛上最高的山峰，仅登山步道就有3.8千米长，需要徒步才能欣赏到最美的老人峰风景，这里山、海、天相连，拥有苏格兰最棒

❖ 奎雷因山区的单行道

欣赏老人峰有几个角度：一，刚踏上斯凯岛，远看老人峰侧面的几根峰柱；二，在山脚正面看峰柱，平时并不惊艳，但是，有雾的时候会给人一种进入仙境的感觉；三，从后面观看，这个角度风非常大，没有一点毅力很难欣赏到。

❖ 老人峰

❖ 斯凯岛地标之一：苏格兰裙边悬崖
苏格兰裙边悬崖，因为像苏格兰男人穿的裙子而出名。

❖ 斯凯岛地标之一：米尔特瀑布
米尔特瀑布比想象中的要小，水流一路冲到大西洋。据说，早在1.65亿年前，这里是恐龙们的栖息地，因为英国科学家在这里发现了15对大型食肉恐龙的大脚印化石。

的步行路线，站在老人峰顶，可一览斯凯岛全貌。不过欣赏老人峰最佳美景的地点并不是在山顶，而是在山脚或者更远处。

此外，在老人峰不远处还有很多著名的景点，如苏格兰裙边悬崖、米尔特瀑布等。

内斯特角灯塔："站在世界边缘的灯塔"

内斯特角灯塔建于1909年，位于斯凯岛最西边，交通不太便利，只能自驾或者徒步前往。

❖ 内斯特角灯塔

从"A87公路"转入向西的公路，一直向西进入单行小路，开到陆地的尽头便可以看到在一块直插北大西洋的土地尖端上耸立着内斯特角灯塔，它是一座由48万根蜡烛作为动力的灯塔，被评为"世界最美丽的十座灯塔"之一。

内斯特角灯塔周围由悬崖环绕着，悬崖很陡峭、很危险，而且风很大，所以，这里还被誉为地球上35处神秘的魅力之地之一："站在世界边缘的灯塔"。

邓韦根城堡

邓韦根城堡位于内斯特角灯塔东北角，它是苏格兰最古老而且不断有人居住的城堡，在近800年中一直是麦克劳德家族的中心城堡。据说现在的主人是一位老太太，她是某个贵族的后裔，唯一的继承者是一只与她相伴的猫。

❖ 邓韦根城堡

邓韦根城堡中有很多重要的家族遗迹，其中最主要的是仙女旗和邓韦根杯。其中，仙女旗是家族最珍贵的财产，织物一度被染成黄色，是来自中东（叙利亚或罗德）的丝绸，专家已经确认它出现的时间为公元4~7世纪，换句话说，至少为第一次十字军东征的400年前。

❖ 公路边的电话亭

斯凯岛远离现代文明，整座岛屿上的网络几乎没有什么信号。所以，在"A87公路"上自驾的时候，常能在路边见到国内几乎已经看不到的电话亭。

盖尔人是英国的少数民族，占英国人口的0.2%，大多使用英语和盖尔语，只有斯凯岛上的盖尔人单用盖尔语。

"凯尔特人"是恺撒给这个民族起的拉丁语名字，恺撒描述的凯尔特人最典型的体貌特征是他们标志性的红头发。如今，在凯尔特人分布较广的苏格兰和爱尔兰地区，有8%左右的人是红头发。

这座城堡原本一直是家族要塞，禁止外人进入，直到1933年才对外开放，成为苏格兰的最佳旅游景点之一，沃尔特·司各特爵士、约翰逊博士、英国女王伊丽莎白二世和日本明仁天皇都访问过这里。

"A87公路"是斯凯岛上的主干道，虽然无法直达岛上的众多美景，但它相当于一个交通枢纽，如果驾驶技术高超，可以沿着"A87公路"的任意分叉路前行，因为斯凯岛不仅有古老的邓韦根城堡、苏格兰裙边悬崖、老人峰、奎雷因，还有很多美景藏匿在云雾之中，可以满足每位自驾者探险的欲望。

最原始的人文风情

斯凯岛因为与陆地隔绝而成为世界上盖尔人文化保存最完整的地方。这里的居民至今仍在使用盖尔语，岛上建有盖尔语学校，他们用自己独特而古老的语言，吟唱着诗歌，传承着文化。

❖ 斯凯岛上的"非主流牛"

斯凯岛上的牛全身披着金红色长毛，眼前有长长的毛遮盖住眼睛，它因这种齐刘海特有的"非主流"造型而被称为"非主流牛"。

阿夫鲁戴克拦海大坝

荷兰人创造的世纪奇迹

阿夫鲁戴克拦海大坝又被称为"海上长城",它是大自然的鬼斧神工与人类的巧夺天工的结合体,一条笔直的公路将大海劈开,车行至此,大坝两侧强劲的海风夹带着淡淡的海洋气息,让人非常舒畅。

阿夫鲁戴克拦海大坝也是一条跨海公路,它的一边是海水,一边是淡水,非常壮观。这是荷兰人建造的世界上最长的防洪堤坝,也是人类史上的奇迹之一。

荷兰人自己创造了荷兰

荷兰地处欧洲的西偏北部,面积约为4.15万平方千米,除南部和东部有一些丘陵外,大部分地势都很低,其中有1/4的土地海拔不到1米,1/4的土地低于海平面,还有大量的土地是围海而得。

"荷兰"在日耳曼语中叫尼德兰,意为"低地之国"。荷兰人自己常说:"上帝创造陆地的时候遗忘了荷兰,所以荷兰人自己创造了荷兰。"数个世纪以来,海涝灾害一直是荷兰人的噩梦。直到20世纪,荷兰人耗时5年修建了长32.5千米、宽90米、高出海面7.25米的阿夫鲁戴克拦海大坝,才彻底解决了海涝洪水的问题。

阿夫鲁戴克拦海大坝建成后,原先的内海"须德海"的海水被抽干,变成一个名叫"艾瑟尔湖"的淡水湖,湖边露出来的湿地成为荷兰一个最年轻的省——弗莱福兰省。

❖ 阿夫鲁戴克拦海大坝

阿夫鲁戴克拦海大坝是荷兰A7高速公路和欧洲E22高速公路的一部分。

荷兰位于欧洲西北部,和英国隔海相望,17世纪之前,荷兰是西班牙属地尼德兰的一个省。"尼德兰"意为低地,是莱茵河入海处一大片低地的总称,它包括今天的荷兰、比利时、卢森堡和法国东北部的一部分。16世纪末,荷兰独立后,大力发展资本主义工商业,商业、海洋运输业和金融业非常发达,很快成为西欧强国。

❖ 阿夫鲁戴克拦海大坝内外的水平面高度不同

阿夫鲁戴克拦海大坝一边是海，一边是湖，仔细观察，能发现海平面会比湖面稍稍高一点。

❖ 阿夫鲁戴克拦海大坝旅游客服中心的观景望远镜

举世无双的阿夫鲁戴克拦海大坝

据说阿夫鲁戴克拦海大坝为荷兰人向大海抢来了近1/4的国土。

荷兰是一个低地国家，常年遭受海涝灾害，百姓苦不堪言。1916年，荷兰北部发生了一场严重的海涝灾害，海水经由须德海倒灌，甚至波及了首府阿姆斯特丹，海水所到之处一片狼藉，良田被冲毁、家畜被淹死，造成粮食极端匮乏。这次海涝灾害之后，荷兰人就下定决心建造阿夫鲁戴克拦海大坝。

阿夫鲁戴克拦海大坝在荷兰著名水利工程师康奈利斯·莱利的组织下，经过多年的研究勘探后，1927年，在荷兰北部的须德海的入海口，也就是海水常侵犯荷兰内陆的地方，开始动工兴建。

那个年代的建筑机械并不发达，大坝的建造大部分靠人工完成，而且荷兰很少有巨石，用来填海的巨石需要从北欧、葡萄牙、法国等地用船航运而来。据记载，荷兰征用了超过550艘船，在大坝建造的5年时间内不间断地采运石材，可见大坝建造的难度之大。

1933 年 5 月 28 日 13 点 02 分，举世无双的阿夫鲁戴克拦海大坝正式合龙。

荷兰的奇迹

阿夫鲁戴克拦海大坝连接北荷兰省的登乌弗和弗里斯兰省的苏黎世村，从荷兰首都阿姆斯特丹沿荷兰 A7 高速公路向北，驾车半个多小时就能到达。

❖ 大坝中间休息区的观景平台

❖ 大坝上横跨公路的天桥

阿夫鲁戴克拦海大坝上方建有横跨公路的天桥，游客可以登桥远眺，也可以通过天桥穿越公路，选择欣赏外侧海景或内侧湖景。

阿夫鲁戴克拦海大坝围建而成的弗莱福兰省的首府即是以大坝建造组织者康奈利斯·莱利的名字命名的"莱利斯塔德市"。

❖ 大坝中间休息区伸向艾瑟尔湖的栈桥

❖ 康奈利斯·莱利雕塑

阿夫鲁戴克拦海大坝建造的组织者康奈利斯·莱利，在大桥开工后第三年（1929年）逝世了。大坝建成后，为了纪念康奈利斯·莱利的功绩，荷兰人为他塑造了雕像，立于大坝顶。

阿夫鲁戴克拦海大坝外侧是茫茫北海的澎湃海水和葱翠的海岛，内侧是宁静的艾瑟尔湖。大坝下方建有60座闸门，上方为一条双向四车道高速路，大坝两端和中间都建有休息区，游客可以将车停在大坝中间的休息区，然后去往观景塔、栈桥或沿着大坝两侧的步道徒步欣赏美景。此外，大坝上的公路旁还设有3个公交车停靠站，分别是西面的登乌弗、中间的Breezanddijk和东面的科伦沃德滩，可供游客乘坐公共汽车观景。

阿夫鲁戴克拦海大坝是荷兰的奇迹，也是人类与大自然搏斗的一项壮举。每天都有数以万计的人慕名驾车来此，迎着海风，感受当年荷兰人建筑大坝时的精神。

在15、16世纪，荷兰凭借世界上最发达的造船业和航海技术而称霸于世，被誉为"海上马车夫"。从17世纪中叶开始，英国和荷兰便在各大海洋展开了海上争霸战，后来，法国也参与进来。法荷战争席卷了荷兰本土，最终以荷兰的惨败而告终。荷兰从此一蹶不振，但是荷兰人凭借航海技术依旧活跃在海洋之上，即便是到了20世纪，荷兰依旧是海上强国，这也是阿夫鲁戴克拦海大坝这样的跨世纪工程得以完成的条件。

❖ 阿夫鲁戴克拦海大坝建造者浮雕

据统计，建造阿夫鲁戴克拦海大坝时，当时荷兰人平均每年要动用5000多人，建设总花费超过1.2亿荷兰盾，这在当时可是天文数字。

大西洋之路

神 奇 的 天 堂 之 路

大西洋之路是一条由 8 座桥梁和堤道将一座座岛屿和礁岛连接在一起的跨海公路，公路呈"之"字形，蜿蜒穿梭于岛屿和礁岛间，一直延伸到海的那一边。

大西洋之路的全名为大西洋海滨公路，位于挪威西海岸，全长不到 9 千米，是挪威 64 号公路的一部分，是挪威车流量最大的公路之一，被誉为"世界上最美公路"之一。

世界最佳公路旅行目的地之一

大西洋之路沿途是狂野的海浪和海中岛礁。自中世纪以来，经过这里的船只频频沉没。在 20 世纪初，挪威政府提出建造铁路线将这些岛屿和岛礁串联起来，但是由于技术和资金原因而被放弃，后来在 20 世纪 70 年代，挪威政府开始规划建造一条贯通这些岛礁的公路——大西洋之路（大西洋海滨公路），并于 1983 年 8 月 1 日开始施工。

大西洋之路的设计非常独特，它不仅完美地保留了岛礁的原来面貌，而且将沿途岛礁上的自然景观都连接在一起，使之成为公路的点缀。

大西洋之路于 1989 年正式通车，随后便被挪威人评为"世纪建筑"；1999 年，成为挪威第九大旅游景点；2011 年，被英国《卫报》评选为"世界最佳公路旅行目的地"之一。

❖ 宛如一条巨龙的大西洋之路

❖ 大西洋之路

大西洋之路是世界上非常适合进行汽车测试的地方。如今，几乎所有的汽车制造商都使用过大西洋之路作为拍摄广告的地点。

被全球自驾游爱好者追捧

大西洋之路上的小岛和连接小岛的桥梁将这片海域分割成路西和路东，路西的海域时有狂风巨浪，尤其是秋天更易受飓风侵袭，据说在建造公路时就曾遭遇12次飓风袭击。而路东则在大部分时间里都风平浪静，尤其在夏天，还能看到在海边慵懒晒太阳的海豹和掠过天际的海鸟的身影。

在大西洋之路上有些桥梁和小岛边还修建了观光栈道、观光平台等，供游客以更近的距离、更好的角度接触大海和自然风光。

❖ 大西洋之路上扭曲的桥

大西洋之路上的桥各有千秋，大部分都依岛礁走势而建，因此有些桥看上去扭曲得很厉害。

大西洋之路的风景虽不及克罗地亚8号公路和大洋路等，但是它却因为短而美，无须耗费过多时间就能享受到美景而被全球自驾游爱好者追捧。

真正的通天之路

鸟瞰大西洋之路，它犹如一条巨龙横卧于大西洋之上，非常壮观。整条公路除了岛屿、岛礁之外，最大的看点就是沿途连接这些岛屿和岛礁

❖ 大西洋之路美景

挪威近一半的国土位于北极圈以内，但是由于来自北大西洋的西南暖湿气流，以及来自低纬度地区的北大西洋暖流的影响，使挪威的气候出乎意料的温和。

大西洋之路有一段路沿着海岸岩石区前行，在沿途的池塘和小荒地覆盖的山丘之间有白色雕塑，据说这是大理石雕塑艺术家詹·弗鲁岑创作的作品。

❖ 大西洋之路上的雕塑

❖ 大西洋之路

的"桥"。其中最有名的一座桥叫作"斯托尔桑德特桥",从特定的角度看它,桥身高扬的弧线向上翘起,桥身突然消失,犹如插入天际,因此被称作"通天桥""断头桥",而大西洋之路也因为它的存在而被称为"真正的通天之路"。

这只是一种错觉,"通天桥"实际上并没有那么陡峭,所以驾车通过的难度并不大,除非遇到飓风,其他时间"通天桥"的坡度,连新手都能轻松地开过去。

❖ "通天桥"边的栈道

❖ 大西洋之路上的"通天桥"
大西洋之路上的"通天桥",被自驾爱好者称为"无路可走"。

在"通天桥"的另一端有一个设计得别出心裁的停车场,在停车场的咖啡店随意叫一杯咖啡或者一份美食,静观"通天桥"上行驶的车辆前赴后继地消失在桥顶,进入云层,这种场面给人无限遐想。

大西洋之路旁的岛礁曾令水手惧怕。如今这些藏在水里若隐若现的岛礁,吸引着无数人驱车前来探奇,驾驶车辆行驶在这段不长的公路之上,随着桥梁起伏,既刺激又过瘾,像是在飞翔一样。

❖ 从另一个角度看"通天桥"

冰岛一号公路

世界尽头的环形公路

冰岛一号公路可到达冰岛大部分的知名景点，一路上很少看到高楼与树林，也很少有城市和村庄，沿途视野开阔，远离尘嚣，岛屿、瀑布、大海尽收眼底。这条公路上大部分时候几乎见不到其他车辆，孤寂而绝美。

❖ 冰岛一号公路

几乎每篇冰岛一号公路自驾攻略都会告诉你，"冬季自驾冰岛十分危险，没有足够的雪地及夜里行车经验最好选择跟团游"。

冰岛夏季日照长，冬季日照极短。秋季和冬初可见极光。冰岛有"火山岛""雾岛""冰封的土地""冰与火之岛"之称。

冰岛被称为"冰火之国"，也被视为"温泉的制造机器"，拥有世界上最多的温泉；这里的极光、冰洞、海洋美景使无数旅行爱好者将其列为一生必到之处。

冰岛被称为"地球上最美的一道伤疤"，它地处北极圈，被认为是地球上最像外星球的国度，有科幻迷曾经这么评价冰岛："如果我们不能去外星球，那就去冰岛吧，因为那里的景色不是地球上该有的。"如果想要完美地感受这个"外星世界"，那就选择在冰岛一号公路上自驾游吧。

完美的自驾观光公路

冰岛位于欧洲西北部,总面积10.3万平方千米,接近北极圈,介于大西洋和北冰洋的格陵兰海之间,地处大西洋中脊上,是一个多火山、地质活动频繁的岛国,岩浆活跃,全国的活火山多达30座,是世界上最活跃的火山地区之一。冰岛还是世界温泉最多的国家,被称为"冰火之国"。

冰岛全境3/4的土地是高原,仅沿海有狭小平原,其海岸线不规则,多峡湾、小海湾,沿海为沙滩、沙洲和潟湖。

冰岛的交通不发达,大多地方不太适合自驾,但是冰岛一号公路却是一个例外,它是一条完美的自驾观光公路。

连接了冰岛大部分著名景点

冰岛一号公路建成于1974年,全长1336千米,相当于北京到浙江宁波的距离,它是一条从冰岛首府雷克雅未克出发,环绕冰岛绕行一大圈后再回到雷克雅未克的柏油公路,因此,这条公路又被称为"环形公路"。

冰岛人对他们的祖先维京人有着特别的崇拜,在冰岛常可以看到维京人雕塑。
❖ 维京人雕塑

斯托克尔间隙泉是冰岛间歇泉中最具代表性的,它喷发次数频繁,每隔4~8分钟就喷发一次。
❖ 冰岛间歇泉

❖ 冰岛一号公路沿途美景

冰岛位于北大西洋中部，靠近北极圈。全境有100多座火山，其中活火山30多座。冰岛几乎整个国家都建立在火山岩石上，地热资源丰富，所以被称为"冰火之国"。冰岛全境遍布国家公园与自然保护区，其中最壮观的是米湖自然保护区与辛格维利尔、杰古沙龙、史卡法特等国家公园。

> 冰岛为温带海洋性气候，6—9月是最佳的旅行季节，平均气温为10℃左右。因为靠近北极圈，冰岛的夏季日照时间较长。从6月初至8月底的冰岛几乎没有黑夜，所有的户外活动都可以轻松规划。

> 冰岛的公路上有很多限速监控摄像头，所以务必遵守限速规定。

冰岛的地形奇特，冰岛一号公路沿途经过很多海湾、亚北极区的沙漠和大西洋海岸，道路施工难度很大，因此，如今依旧有很多地段一直是单行车道，即便如此，也不妨碍它成为冰岛的地标之一，因为它连接了冰岛大部分著名的景点。

冰岛堪称地球地貌的博物馆，冰岛一号公路沿途有众多喷泉、瀑布、热泉、间歇泉、湖泊和湍急河流，以及冰川、火山岩、峡谷、冰帽、苔原、冰原、雪峰、森林等，因此，这条公路深受来冰岛的游客欢迎和喜爱。

❖ 冰岛一号公路沿途的瀑布

冰岛一号公路沿途能看到许多瀑布，而且每个瀑布都很有特色。

❖ 蓝湖温泉

蓝湖温泉距离雷克雅未克39千米，是冰岛最大的旅游景点之一，其洗浴和游泳的礁湖地区平均水温为40℃左右，水体中有硅和硫等矿物质。

雷克雅未克："冒烟的城市"

雷克雅未克是冰岛的首都和最大的港口，也是主要政治、经济和文化中心，位于冰岛西部的法赫萨湾东南角、塞尔蒂亚纳半岛北侧，非常接近北极圈，是地球上最北的首都，受北大西洋暖流影响，这里的气候温和。

雷克雅未克在冰岛语中意为"冒烟的港湾"，这是由于这里的地热资源丰富，散发着地热蒸汽，冰岛人早在1928年就在雷克雅未克建起了地热供热系统。

雷克雅未克的天空蔚蓝，市容整洁，几乎没有污染，故有"无烟城市"之称。这里既有国际大都市的活力，又被大自然纯净无污染的能源所包围。

雷克雅未克的主要景点都集中在市中心，从机场可以乘坐大巴到达市内的BSI公交终点站，城市不大，各个景点均可步行或骑自行车到达。

冰岛的美景很多，而且不同季节有不同的美景，很多知名风景都集中在雷克雅未克周边，如冰岛西南最知名的"黄金旅游圈"和各式各样的探险路线：三文鱼垂钓、午夜高尔夫、帆船航行、爬山、徒步冰川、骑马和观鲸等。

哈帕音乐厅和会议中心位于冰岛首都雷克雅未克的海陆交界处，是冰岛最新、最大的综合音乐厅、会议中心，哈帕音乐厅和会议中心拥有上千块不规则的几何玻璃砖，随着天空的颜色和季节的变化反射使彩虹都相形见绌的万千颜色。

在雷克雅未克市中心的山丘上有该市的地标性建筑——著名的哈尔格林姆斯教堂，与欧洲那些古老宏伟的教堂相比，它属于现代化建筑。

❖ 哈尔格林姆斯教堂

❖ 冰岛一号公路沿途的美景

冰岛一号公路沿途有时能看到美丽的彩虹，一路上荒原绝岭，如同穿梭在好莱坞极地大片之中。

"黄金旅游圈"内3大景点：辛格维利尔国家公园、盖歇尔间歇泉区、黄金瀑布，均可沿着冰岛一号公路一两小时内到达。

黄金瀑布是冰岛十大瀑布之首，气势雄伟，从远处雪山脚下沿河顺流而下的水经过70米的断层注入峡谷，发出雷鸣般的巨响，景色壮观，令人惊叹。

❖ 黄金瀑布

除此之外，雷克雅未克还是有名的"冰岛一号公路"的起点。

冰岛南部美景

从雷克雅未克出发，沿着冰岛一号公路向东南方向行驶大约40分钟，有一座地热活跃的小镇——惠拉盖尔济。

惠拉盖尔济的深山中有一条天然的温泉河，常年冒着汩汩热气，吸引了不少人徒步前去探寻、泡露天温泉浴。

惠拉盖尔济在冰岛一号公路沿线的景点中并不出名，在此稍作休息便可以沿着公路继续向东南行驶，沿途会经过美丽的塞里雅兰瀑布、秘密泳池、斯科加瀑布、索尔黑马冰川、DC-3飞机残骸等，可以抵达被誉为"世界十大最美沙滩"之一的雷尼斯黑沙滩。

从雷尼斯黑沙滩继续往东则是埃尔德熔岩原、羽毛峡谷、斯卡夫塔山和两条冰河，随后冰岛一号公路会转向北并沿着冰岛东海岸继续前行。

塞里雅兰瀑布与秘密泳池

塞里雅兰瀑布离冰岛一号公路也就100米远，瀑布内有个大洞室，是一个非常好的摄影、拍照地点。沿着塞里雅兰瀑布边的小径寻路而上，在不远处还有一个隐秘的瀑布——秘密瀑布，瀑布下方是秘密泳池，它藏于山洞之内，这里是探险者喜欢探秘的秘境。

❖ 惠拉盖尔济天然温泉河

惠拉盖尔济并非热门景点，但是它却是一个热门的徒步地点和泡温泉的好去处。

"黄金旅游圈"是到冰岛一号公路旅游的必选地之一，圈内汇聚了各景点的精华，世界遗产"辛格维利尔国家公园"在雷克雅未克的东北方向，在该公园内有世界上成立最早的用民主选举出来的议会和冰岛的第一部宪法，距今已经有900多年。

❖ 塞里雅兰瀑布

❖ 秘密瀑布

秘密瀑布离塞里雅兰瀑布很近，它藏于深山之中。

冰岛很多地方的名字都很相似，甚至一样，所以当使用 GPS 导航时，要仔细确认它的具体位置是否正确。

冰岛法律规定不管是司机还是乘客，必须全程系牢安全带。法律还规定 6 岁以下的儿童必须根据其身高、体重坐在相对应的汽车安全座椅内，系牢安全带。违规者将被警察处以巨额罚款。

❖ 斯科加瀑布

斯科加瀑布

斯科加瀑布距离塞里雅兰瀑布 30 千米，从冰岛一号公路前往只需要 25 分钟。斯科加瀑布高达 60 多米，是冰岛最大、最壮观的瀑布之一，是《白日梦想家》《雷神 2》和《权力的游戏》等许多影视剧的取景地。

斯科加瀑布的底部很平坦，游人可直接进入瀑布水帘，从内往外拍摄水帘上散发的光芒，有时还能拍到彩虹，因此这里又被人叫作"彩虹瀑布"。

索尔黑马冰川

索尔黑马冰川长达 8 千米，距离冰岛一号公路很近，它是冰岛第四大冰川米达尔斯冰原的分支。这里是冰川徒步者的最爱，拥有不同难度的徒步路线。

❖ 索尔黑马冰川

索尔黑马冰川和其他冰川不同，它的下方覆盖着一座火山，火山灰投映在冰川上，形成了独一无二的冰川颜色。

雷尼斯黑沙滩

雷尼斯黑沙滩被誉为"世界十大最美沙滩"之一，位于冰岛一号公路旁，是冰岛的著名景点之一。

雷尼斯黑沙滩源于远古时期的一次海底火山爆发，熔岩经海风和海浪千万年的侵蚀，被蚀刻成一条条多棱的悬竖着的柱体，它们整齐、有序地排列着，看上去与风琴有几分相似，故被称为风琴岩峭壁；有部分玄武岩则变成了玄武岩颗粒，最后变成绵绵

飞机残骸位于冰岛一号公路沿线，距离雷尼斯黑沙滩不远。1973年11月24日，一架美军DC-3飞机因天气恶劣迫降冰岛，结果意外坠落该处，机组人员生还，飞机严重损毁。它孤独地躺在荒芜的黑沙滩上几十年，吸引了很多摄影爱好者。

❖ 飞机残骸

❖ 埃尔德熔岩原

埃尔德熔岩原源于数百年前的一次巨型火山爆发，绿色的苔藓覆盖在熔岩之上，一直延伸到地平线，好似一块深浅不同的巨大绿色绒布。冰岛苔藓是一种珍贵的熔岩苔藓，具有食用和药用价值，且价格不菲。

不绝的黑沙滩，这里的黑沙颗粒没有杂质，也没有淤泥尘土，捧起一捧，满手乌黑，轻轻一抖，黑沙四散，手上却纤毫不染。

维克镇

维克镇离雷尼斯黑沙滩很近，是冰岛一号公路沿途一个著名的旅游观光小镇，镇上只有 600 多人，小得掰掰手指都能数得清楚小镇里的几条街道，镇上除了山坡上的红顶教堂外，还有著名的维克黑沙滩。维克镇是冰岛一号公路沿途的一座重要小镇，镇上设施齐全，住宿、加油站、超市应有尽有，是游客们休息和补给的落脚点，也是去往卡特拉冰洞探险的出发地。

埃尔德熔岩原

从维克镇沿着"冰岛一号公路"继续往东走，不远处就是有史以来世界上规模最大的火山爆发地之一——埃尔德熔岩原。

埃尔德熔岩原的面积达 565 平方千米，上面覆盖着一层绵密的苔藓，黑色与绿色互为映衬。冬季时，上面更是覆盖了一层白雪，像大大的棉花糖，放眼望去，让人极为震撼。

羽毛峡谷

羽毛峡谷离埃尔德熔岩原不远，它绵延 2 千米，有"世界上最美丽峡谷"之称。俯瞰峡谷岩壁，其如同一口错落咬合的牙齿，上面覆盖着郁郁葱葱的苔藓，看上去十分壮观。

❖ 雷尼德兰格海蚀柱

一群黑色玄武岩柱矗立在大西洋上。

❖ 迪霍拉里海岬

迪霍拉里海岬是火山活动的结果，这块巨大的黑色熔岩延伸入海120米，远观好似一道拱门，又如一座拱桥。这是冰岛一号公路的网红打卡景点之一。

"维克"（Vík）在冰岛语中是海湾的意思，冰岛有许多地方叫作"维克"。如雷克雅未克（维克）、凯夫拉维克、格林达维克、达尔维克等。站在小镇红顶教堂的山坡上，可以使教堂、维克镇以及海中的礁石同框出现。

❖ 维克镇全景

❖ 斯卡夫塔山

斯卡夫塔山是瓦特纳冰川国家公园的一部分。2008年，冰岛建立了瓦特纳冰川国家公园，包括整个瓦特纳冰川和广袤的周边地区，是欧洲最大的国家公园，总面积达12 000平方千米。该公园集冰川、火山岩、峡谷、森林、瀑布为一体，景色壮观。美国电视剧《权力的游戏》中，绝境长城及长城以北的大部分场景都是在瓦特纳冰川国家公园拍摄的。

杰古沙龙冰河湖是电影007经典的《007之择日而亡》《雷霆杀机》及《古墓丽影》等的拍摄地。很多国内外的商业广告和音乐短片也都是在杰古沙龙冰河湖取景拍摄的。

❖ 杰古沙龙冰河湖

贾斯汀·比伯曾将这里作为其音乐视频的背景地之一，这里也因此被世人所熟知。冰岛的苔藓地是不允许踩踏的，在埃尔德熔岩原、羽毛峡谷等地都只能在规定的范围内活动。

斯卡夫塔山

从羽毛峡谷沿着冰岛一号公路继续往东走，便是冰岛南部海岸线上的又一个小镇——教堂镇，其得名于1186年建立于此的一座女修道院。小镇很小、很精致，仅有120多名居民。

教堂镇和维克镇一样有很多徒步登山路径，是探索周围自然美景的基地。从小镇出发，开车1个多小时便可以到达有名的斯卡夫塔山（瓦特纳冰川国家公园的部分）。

这里拥有众多冰岛的美景，如巨大的冰舌、独一无二的斯瓦蒂瀑布和美丽的冰岛农庄等。

冰岛一号公路沿着斯卡夫塔山继续往东走，绕过许多蜿蜒的峡湾，途经小冰河湖、杰古沙龙冰河湖、钻石冰沙滩等景点，抵达霍芬镇后便开始向北沿着东海岸而行。

❖ 蓝冰洞

蓝冰洞多集中在瓦特纳冰川地区的杰古沙龙冰河湖附近，距离雷克雅未克较远。

冰岛东部美景

霍芬镇和维克镇、教堂镇一样，也是一个很小、很精致的小镇，它是冰岛一号公路南部公路的终点，也是西部公路的起点。这里盛产冰岛龙虾，每年夏季都会举办"霍芬龙虾节"，每到这个时期，这个小镇就会变得热闹起来。

冰岛东部不仅有众多山岳、峡湾和海滩，还是冰岛境内唯一能看到野生驯鹿的地方，在冰岛一号公路沿途可以看到许多秀美的小镇和无名风景。

离霍芬镇不足半个小时路程的地方有一个天鹅峡湾，这里经常聚集成群的天鹅；还有著名的赫瓦尔内斯半岛，有井角山、东角山、西角山等景点，其中，西角山常出现在冰岛的风景宣传照片中。

继续往北，就是冰岛东部最繁华、最美的小镇——塞济斯菲厄泽，这座小镇位于东部峡湾地区，其历史悠久，景色优美，小镇内有冰岛的网红打卡地彩虹路和蓝教堂。

继续往北，就是冰岛东部最大的城镇——埃伊尔斯塔济，它是一个重要的交通枢纽，冰岛一号公路从这里发散出多条向四处延伸的公路。

西角山位于霍芬镇以东 13 千米处的赫瓦尔内斯半岛，其造型奇特，山脚的沙滩海岸绵延，深受摄影师的喜爱。西角山、井角山位于赫瓦尔内斯半岛的海滩以西，东角山位于海滩以东。

霍芬镇附近的天鹅峡湾秀美非常，成群的天鹅聚集于此时，景色动人。

❖ 塞济斯菲厄泽

❖ 拉加尔湖

拉加尔湖不仅山清水秀，而且还有关于拉加尔湖水怪的各种传说，并且历史上有众多的目击者，据说最近的一次目击是2012年，并被拍下了视频。
拉加尔湖水怪又称拉加尔湖蠕虫或冰岛蠕虫怪。

冰岛国家森林公园和拉加尔湖

冰岛国家森林公园和拉加尔湖距离埃伊尔斯塔济很近，这两个地方是在冰岛一号公路自驾游时必去的景点。

冰岛树木稀少，森林更是稀缺，因此，冰岛国家森林公园尤其显得珍贵，但是森林并非冰岛的特色景观，稍作了解后便可去往拉加尔湖。

拉加尔湖是冰岛第三大湖，整个湖泊被各种自然植被所围绕，景色绝美。它已经偏离了冰岛一号公路，从雷克雅未克开车至此至少需要8小时，经过漫长的驾驶，正好可以在此稍作休息，享受一下宁静和温馨的感觉。

冰岛北部沿路景点

由冰岛一号公路一直往北，即是冰岛北部，这个区域的景观不如南部和东部沿线那么丰富，但也可圈可点，大多有名的风景都位于紧邻冰岛一号公路的米湖周围。

米湖是冰岛北部最大的湖泊，从冰岛东部最大的城镇埃伊尔斯塔济开车大约需要2小时，米湖周边有壮观的克拉夫拉火山、有"小蓝湖"之称的米湖天然温泉、黑色城堡、惠尔火山和冰岛著名的众神瀑布等有名的景点。

亨吉瀑布位于拉加尔湖沿岸，从埃伊尔斯塔济徒步到此需两小时，沿途可以欣赏冰岛国家森林公园的美景。
亨吉瀑布是冰岛第三大瀑布，高达128米落差的水流撞击环绕的花岗岩，飞溅出的水花非常震撼、美丽。

❖ 亨吉瀑布

冰岛西部景观

　　冰岛一号公路西部环线由北向南至雷克雅未克的这段公路并不长,而且景点很少,有名的景点除了西峡湾和斯奈山半岛外,基本上都不在冰岛一号公路周围。

　　西峡湾是一个造型奇特的半岛,既壮丽又孤立。整个地区的道路蜿蜒曲折,且地处偏僻、人迹罕至,这里拥有被称为"西峡湾明珠"的丁坚地瀑布、欧洲最西端的观鸟悬崖——拉特拉尔角、冰岛最偏僻的小镇迪尤帕维克以及西峡湾首府伊萨菲厄泽等,因此,这里是很多冰岛人心目中最美的地区,被列为全球最值得旅游的十大地区之一。

❖ 米湖

米湖是冰岛北部最大的湖泊,绿植与鸟类资源丰富,周围景色丰富多变。米湖虽然风景优美,但夏天这里有大量的蚊子。

克拉夫拉火山地区地热资源丰富,整个火山口直径大约有10千米。这里几乎片草不生,满眼荒芜,犹如外星世界一样。

❖ 克拉夫拉火山

❖ 纳玛菲珈尔地热区
整个米湖地区地热资源丰富，克拉夫拉火山地区也不例外，附近还建有利用地热资源驱动的发电站。

❖ 众神瀑布
众神瀑布又名神之瀑布，是冰岛最著名的瀑布之一，紧邻冰岛一号公路。

❖ 熔岩迷宫
米湖边的熔岩迷宫是《权力的游戏》在冰岛的六大取景地之一。熔岩迷宫（又称"黑色城堡"）遍布夸张奇异的岩石构造和洞穴，常被称作"地狱之门"。

❖ **黛提瀑布**

黛提瀑布是全欧洲水量最大的瀑布。它距离冰岛一号公路略远，需要转至其他公路才能到达。如果时间允许，这是一个值得花时间去游玩的地方。这里是电影《普罗米修斯》的取景地，有时会出现双彩虹，不过可遇而不可求。

斯奈山半岛有"冰岛缩影"的美名，以景色多样而闻名，熔岩原、瀑布、岩洞、山川等美景层出不穷，尤其是矗立于半岛上的斯奈菲尔冰川和网红打卡地教会山，以及白浪黑沙的海岸线。这里虽是冰岛一号公路沿途相对小众的景点，但也不容错过，而且是冰岛一号公路最后的美景。

冰岛一号公路道路两边零星的村、镇点缀在绿色苔原之间，道路时而穿越山林、时而又傍海而行，天然原始的自然景观接踵而至，山谷中飞鸟成群起舞，北极狐自由自在、无忧无虑地穿梭于山间和水湾。由斯奈山半岛继续往南即回到了出发点雷克雅未克，完成冰岛一号公路的全程自驾旅行。

❖ **冰岛一号公路美景**

戛纳海滨大道

繁 华 的 滨 海 公 路

戛纳海滨大道是戛纳南海岸一条颇为繁华的景观大道，因一年一度的"戛纳国际电影节"而被世人知晓，如今这条道路作为法国 13 日旅游路线中的一段，被列为法国文化遗产。

戛纳位于法国南部，是地中海沿岸一个风光明媚的休闲小城，"戛纳国际电影节"是当今最具影响力的国际电影节之一。戛纳海滨大道是这座小城中的一条主干道，也是一条景观大道。

沿着戛纳湾的海滨大道

戛纳海滨大道也被称为克鲁瓦塞特滨海大道、小十字大道。这条道路西起戛纳影节宫，沿着戛纳湾东边的海岸线延伸，直达克鲁瓦塞特角。

戛纳海滨大道的总长仅有 2 千米左右，道路并不宽阔，但是干净清爽，道路两旁种满了法国标志性的棕榈树，因此，这条道路也被叫作棕榈大道。

戛纳海滨大道沿线有戛纳电影节主办场地、娱乐场所、游艇码头、度假海滩和高档酒店，以及咖啡馆、饭店和各种奢侈品商店，与蔚蓝的大海相互映衬，构成了一幅美丽的海洋风景画，在这条路上无论是自驾游，还是停车吃饭、购物，都是一种不一样的享受。

❖ 戛纳海滨大道

戛纳海滨大道两边还有宽阔的林荫道，道路上散布着许多电影中著名角色的模型，供游人拍照。

戛纳湾有众多海滩，它们相互串联，又彼此独立。

❖ 与戛纳海滨大道比邻的海滩

戛纳老城

戛纳是一个充满电影元素的精致小城，它的老城更小，位于西部的苏克区，整个老城沿着苏克山丘并傍着地中海而建，历史悠久并有许多特色鲜明的老建筑。

戛纳原来只是一个小渔村，1834 年，意大利境内发生霍乱，多处被封锁，当时正在蔚蓝海岸度假的英国勋爵布鲁厄姆滞留于此，他意外地发现这里风景如画，于是开始在苏克山丘建造别墅，而后引起了欧洲社会名流的关注，纷纷来此度假并建造别墅，使这里一度成为一个度假小镇。

如今苏克区依旧能看到许多 18、19 世纪的老宅，它们矗立在狭窄的山路两旁，蜿蜒至山顶，山顶是埃斯佩兰斯圣母堂和城堡。站在山顶，可以鸟瞰由地中海延伸至山脚的老城和美丽的戛纳城。

戛纳影节宫

沿着地中海海岸，穿过苏克区向东就是戛纳最有名的影节宫，每年 5 月，"戛纳国际电影节"就在此举行，届时全球影视圈内最优秀的电影创作者、明星、电影从业人员、记者、影评人以及无数影迷，都会以"电影"的名义聚集于此，享受电影圈内的饕餮盛宴。

❖ 戛纳老城

布鲁厄姆勋爵（1778—1868 年），英国律师，辉格党政治家和改革家，大法官兼上院议长，著名的演说家，才子、时髦人物和有怪癖的人，他曾主持多次重大法律改革，并于 1825 年带头创办英国第一所非教派的高等教育机构——伦敦大学。

❖ 布鲁厄姆勋爵

1939 年，法国为了对抗当时受意大利法西斯政权控制的威尼斯国际电影节，决定创办自己的国际电影节。第二次世界大战爆发使筹备工作停顿下来。第二次世界大战结束后，1946 年 9 月 20 日在法国南部旅游胜地戛纳举办了首届电影节。自创办以来，除 1948 年、1950 年停办和 1968 年中途停止外，每年举行一次，为期两周左右。

公元 5 世纪，戛纳被雷汉岛修道院中的僧侣们控制，直到 1530 年左右才脱离了僧侣们近千年的控制。

戛纳影节宫建于 1982 年，它是"戛纳国际电影节"的重要会议地点，最受世人瞩目的金棕榈奖即在此颁发。戛纳影节宫高 6 层，包括 25 个电影院和放映室、一个有 1000 个座位的大影厅和 14 个有 35~300 个座位的厅堂。

❖ 戛纳老港

戛纳老城的建筑由戛纳老港向苏克山丘延伸，再沿着山坡一直到达山顶。

热闹的戛纳海滨大道

因"戛纳国际电影节"的加持，戛纳常有各国明星光顾，使这里成为一个旅游度假的天堂。戛纳影节宫门前的戛纳海滨大道是这个小城最繁忙的一条公路，大道沿途风景如画的海岸线、海滩、步行道都是人们最爱逗留的地方。每逢节日、周末或者戛纳国际电影节期间，戛纳海滨大道更是一副车水马龙的盛况，这时候在戛纳海滨大道上的自驾者都会小心翼翼地前行，或者干脆找个地方停车，然后下车加入热闹的人群之中，随着人流前行；或者走进咖啡店，坐下来欣赏热闹繁华的戛纳街景；也可以走入戛纳海滨大道临海一侧的沙滩，躺在沙滩上晒太阳，感受惬意懒散的海滩风情。戛纳海滨大道这种热闹繁华的景象，在其他地方的景观公路上是难得一见的。

棕榈树在戛纳的街头巷尾随处可见，可以说是戛纳的特色，然而这种树并非土生土长，而是 1864 年由摄影师维吉尔子爵从西班牙引入法国的。

含羞草在戛纳几乎遍地都是，这种植物实际上也并非法国本土的植物，19 世纪时由英国人将澳大利亚的一种荆棘花（含羞草）带到了戛纳，因为当地气候适宜，含羞草很快就在戛纳遍地繁衍。

星光大道是到戛纳旅游时不可错过的景点之一，位于戛纳影节宫旁，可以看到许多明星在这里的人行道上按下的手印，现在已经累计有 300 多个了。

❖ 海岸边的戛纳星光大道

❖ 马丁内斯海滩

马丁内斯海滩是离戛纳影节宫最近的海滩。

❖ 戛纳私人海滩

戛纳海滨大道临海的海湾内的沙滩中有一小段属于酒店的私人海滩，需要付费才能进入。其他大部分海滩都是免费的。据说电影节期间，戛纳因人流量过大，甚至连路边的长椅都会收费。

戛纳是电影爱好者的天堂，也是每一个文艺青年不可错过的地方。

戛纳影节宫除了每年举办一次"戛纳国际电影节"外，其余大部分时间会举办各种活动，包括音乐会、话剧、展览、舞蹈表演及体育活动。

戛纳的美食也是全法国最有名的。不长的戛纳海滨大道及戛纳城内有300多家颇具特色的餐厅。

❖ 戛纳海滨大道边上众多的餐厅

阿马尔菲车道

世界传奇车道

魅力四射的阿马尔菲海岸线上错落有致地坐落着十多个小镇,每个小镇的建筑几乎都倚山面海,层层叠叠,直达山巅,到处是壮观的悬崖、美丽的海景,宛如人间仙境。阿马尔菲车道是阿马尔菲海岸线上唯一一条能将大部分美景串联在一起的公路。

阿马尔菲海岸线全长约37千米,位于意大利南部的苏伦托半岛,西起波西塔诺,东至维耶特利苏玛雷,被联合国教科文组织视为"绝美而典型的地中海风光",在1997年便已列入世界自然文化遗产,还被美国《国家地理》杂志评选为"一生中必去的50个美丽的地方"之一。

❖ 阿马尔菲车道

阿马尔菲车道又称作阿马尔菲海岸公路,它以小城阿马尔菲为中心,西到波西塔诺,东至维耶特利苏玛雷,一路上风景如画,众多历史悠久的小城镇藏于山海之间,犹如一幅幅艺术画,向过往游人展示着不同历史时期的民俗风情。

狭窄多弯、险象环生的传奇车道

阿马尔菲海岸线上依次散布着许多保存完好的中世纪建筑的小镇,碧蓝的海水和天空,翠绿的灌木和果园,色彩缤纷的中世纪民居以及偶露狰狞的黑色崖壁,拼合成一幅最美的海岸画卷。如果说希腊的圣托里尼是蓝色的天堂,那么,这里就可以说是彩色的仙境,被誉为欧洲最壮观的海岸线之一。

阿马尔菲海岸线由于地形复杂,至今未通火车,但是有一条阿马尔菲车道连通了蜿蜒曲折的海岸线,所以想要欣赏它的魅力,只能坐巴士或者自驾。

阿马尔菲车道即意大利163号国道,被誉为欧洲最漂亮的一条公路,它始建于1832年,耗时20年才将整个海岸线的大部分美景串联在一起。整条公路全长50千米,沿途依弯曲的海岸线而建,众多隧道穿越海边悬崖,能使每个在公路上驾驶车辆前行的驾驶员血脉偾张、心跳加快;小村、镇的房屋以阶梯的方式，或如瀑布般"倾泻"于公路边的悬崖溪谷之中，或如岩壁怪石般隐藏于苍郁的山间树丛里。

美国《国家地理》杂志曾这样描述这里："那些崎岖陡峭的悬崖、水彩画般的居民小屋和风情万种的建筑、出其不意的弯道和鲜花绽放的滨海花园，都在你沐浴着地中海海风的时候接踵而至，一一展现在你的眼前。"

在阿马尔菲车道上自驾，每一次转弯、每一次下坡或者上坡都会有不一样的体验，尤其是车道上的每一个山海交汇处，都有既让人意想不到，又让人叹服的美景，因此被自驾族称为"狭窄多弯、险象环生的传奇车道"。

阿马尔菲：一个有历史的小镇

阿马尔菲位于那不勒斯东南39千米处的萨莱诺湾湾畔，是意大利坎帕尼亚大区的一个镇，也是坎帕尼亚大主教教区所在地。它是整个阿马尔菲海岸线正中央的交通枢纽，阿马尔菲车道即以此为中心向东西延伸。

阿马尔菲建于一个深谷的谷口，被壮观的悬崖及海岸景色包围，全镇人口只有6000多人。它是一个有

❖ 壮美的阿马尔菲车道

公元850年，阿马尔菲成为意大利第一个航海共和国。它的版图向西一直延伸到蓬塔坎帕内拉（正对着卡普里），向东一直延伸到切塔拉。由于阿马尔菲政治上的自治，紧靠着伊特鲁里亚海的地理优势，以及农业上的富庶，阿马尔菲发展的速度十分惊人，从9世纪开始，这里就变成了海上商业活动的重要中心。

福罗瑞湾大裂缝是阿马尔菲车道沿途经过的福罗瑞村的一处别致景观。福罗瑞是一个地处300米高的小渔村，因山谷间有一道大裂缝而成为阿马尔菲海岸线上的知名打卡地，而阿马尔菲车道横跨山谷顶部，非常壮观，因为地理位置特别，平日游客不多，只有夏季才会迎来到海滩度假的人们。

❖ 福罗瑞湾大裂缝

❖ 维耶特利苏玛雷陶瓷商店

维耶特利苏玛雷的意思是"海上的维耶特利",是一座临海小镇,也是阿马尔菲海岸公路的东部起点,离交通方便的意大利中南部坎帕尼亚大区第二大省萨莱诺省首府只有5千米远。维耶特利苏玛雷是阿马尔菲海岸线上一个历史悠久的陶瓷制品中心,其制陶工艺最早可追溯到古罗马时期的手工彩色陶瓷,小镇到处都是陶瓷商店,销售各种陶瓷罐、碟、碗和花瓶等装饰品。

与世界闻名的阿马尔菲、波西塔诺相比,维耶特利苏玛雷的游客少很多。

故事的小镇,其历史最早可追溯到公元4世纪,在公元8—17世纪,这里曾是阿马尔菲航海共和国的首都。当时,意大利半岛上并存着热那亚、威尼斯、比萨和阿马尔菲4个航海共和国,而阿马尔菲是4个航海共和国中历史最早、最繁荣的国家。

阿马尔菲共和国拥有500多年的独立自治权,时过境迁,如今,阿马尔菲只是意大利坎帕尼亚大区的一个小镇,它是阿马尔菲车道上最亮眼的旅游景点。

阿马尔菲最醒目的景点就是广场上的阿马尔菲主教座堂,它融合了阿拉伯、诺曼、哥特式、文艺复兴、巴洛克等多种风格,正面共有62级台阶,宛如通往天堂的道路。其形象曾经出现在好莱坞大片《信条》中,是当地最有名的地标打卡地。教堂背后隐藏着错综复杂的通往小镇山崖与海滩的小巷,大部分小巷都是由石头台阶铺成,显得非常古朴且韵味十足。

拉韦洛:离蓝天比离大海还要近的地方

拉韦洛小镇始建于公元6世纪,不过它真正繁荣起来还是在公元1000年左右,当时阿马尔菲共和国的反对派贵族,为了避免被迫害

阿特拉尼被誉为"意大利最美小镇",它离阿马尔菲不远,小镇面积不足1平方千米,居民有800人,是意大利面积最小的城市。小镇由突出大海的岩石向内盘旋而上,靠海的岩石外围是一圈石拱形的中世纪风格护墙,同时兼具环护阿马尔菲车道的功能。这一段的阿马尔菲车道常出现在很多风景明信片上,也是自驾之旅中让人过目不忘的美景。

❖ 意大利最美小镇:阿特拉尼

❖ 阿马尔菲

而选择到易守难攻的拉韦洛定居。如今,拉韦洛早期的贵族以及豪门望族基本都已经衰败,加上拉韦洛小镇地处偏僻,很多建筑被遗弃且被保留了下来,成为小镇的风景。

拉韦洛离阿马尔菲很近,位于阿马尔菲镇北面的青山翠谷中,地处350米高的偏僻山顶,沿着阿马尔菲车道驾车绕着悬崖缓缓上行,在山林云海之间穿行,不到半小时就能到达。小镇宛如一个宁静安详的花园,拥有华丽的建筑,夜色下的华灯渲染着它的妩媚,创造出难得一见的美景,而它的名字被人文主义作家、诗人薄伽丘描绘成富人的乐土,并写进其代表作《十日谈》中,为世人铭记。

在薄伽丘的《十日谈》中,主人公兰多尔福·鲁福洛有一座豪华别墅,即拉韦洛小镇的鲁福洛别墅,该别墅建于13世纪,坐落在拉韦洛中心的大教堂广场前,由花园、塔楼、大厅、后院等组成,充满异国的色彩、艺术气息。这里曾经的座上宾都是王公贵族,许多诗人和作家都曾提及它的美丽。

阿马尔菲共和国在鼎盛时期,向地中海沿岸大量贩卖葡萄酒、柠檬、木材、武器,又将布料、地毯、纸张、咖啡、香料等贵重商品贩运回意大利,销往整个欧洲地区。

阿马尔菲与意大利其他城市或欧洲小城一样,有漂亮宏伟的教堂、小巧精致的广场,镇内遍布各种餐厅、手工艺品和特产商店。

❖ 阿马尔菲入口

1880年，著名音乐家理查德·瓦格纳对外宣称，他曾慕名到达拉韦洛，从鲁福洛别墅获得了许多创作灵感，谱出了久久无法完成的歌剧《帕西法尔》中的魔法师克林索尔的花园部分。从1953年开始，为了纪念瓦格纳，每年鲁福洛别墅都会举办瓦格纳音乐会，拉韦洛也因此被誉为"音乐之城"。

除了鲁福洛别墅外，拉韦洛还有一座有名的打卡别墅——辛波乃别墅，它位于拉韦洛沿地中海的峭壁之上，可俯瞰阿马尔菲海岸的美景。辛波乃别墅被称为意大利十大最美别墅之一，它被超过7公顷的花园包围，花园内到处都可以看见艺术雕像与花卉的完美结合。

❖ 鲁福洛别墅一隅

从拉韦洛大教堂广场穿过去就到了鲁福洛别墅。

1262年，阿马尔菲航海共和国诞生了世界上第一部有62章、长达数万言的《航海法典》，如今原版法典存于佛罗伦萨博物馆。在阿马尔菲博物馆有两卷分别用意大利文和拉丁文书写的古版复制本法典。

1073年，来自西西里岛的诺曼人占领了阿马尔菲；1135年，阿马尔菲又被比萨共和国吞并，但其强大的影响力依然持续。1343年的一次大地震引发了海啸，阿马尔菲古城大部分建筑和居民都被卷入海底，强大的阿马尔菲航海共和国从此一去不复返，只有其制定的《航海法典》一直使用到1570年。

《帕西法尔》是瓦格纳的最后一部歌剧。1882年7月，《帕西法尔》在拜罗伊特首演。1883年2月30日，瓦格纳因突发心脏病去世。

拉韦洛曾经是阿马尔菲航海共和国的一个重要城镇，在839—1200年是一个重要的贸易中心。1086—1603年，拉韦洛曾经是主教驻地。

❖ 拉韦洛美景

沿海而立的蘑菇形建筑是拉韦洛的网红打卡点之一。拉韦洛大约有2500名居民，是一个热门的旅游胜地。

辛波乃别墅是《神奇女侠》的取景地之一，影片中那崎岖的山脉、触手可及的白云、近在眼前的大海，都在阳光的照耀下闪闪发光，这些只存在于电影的场景让人陶醉！它是到拉韦洛旅游时必到的景点。

相比阿马尔菲海岸线上其他几个小镇，拉韦洛由于曾经是贵族们的居住地，因此颇受各个时代的艺术家们的青睐，除了薄伽丘和瓦格纳外，还吸引了弗吉尼亚·伍尔芙、戈尔·维达尔等文化名人在这里留下了足迹。

❖ 阿马尔菲主教座堂

阿马尔菲主教座堂即圣安德烈亚大教堂，始建于公元9世纪中叶—10世纪初，后来经过两次重建。它融合了多种建筑风格。双色调的石质建筑大部分是西西里的阿拉伯－诺曼风格，内饰则采用了巴洛克风格。中庭庭院深深，四周是典型阿拉伯双叶装饰风格的回廊，寂静的环形回廊里有很多壁画和石棺，埋着昔日阿马尔菲航海共和国的王公贵族。

辛波乃别墅大部分是由英国园艺家维塔·萨克维尔·韦斯特设计的。该别墅现在作为酒店经营，但它能够观海的浪漫花园却免费向各地游客开放。

阿马尔菲主教座堂旁边有一座天堂修道院，它是阿马尔菲历史上上层尊贵市民的墓穴。

❖ 辛波乃别墅，《神奇女侠》的取景地

❖ 波西塔诺如画的小镇

受诺贝尔文学奖得主约翰·斯坦贝克的游记《波西塔诺深深噬咬》的影响，田纳西·威廉姆斯、毕加索、伊丽莎白·泰勒、索菲亚·罗兰、那不勒斯亲王等众多名流曾光顾波西塔诺，并在小镇拥有私家别墅豪宅。

❖ 波西塔诺

波西塔诺：被誉为地中海最美小镇

波西塔诺位于阿马尔菲海岸线最西端，是阿马尔菲海岸线上镜次数最多、消费最贵、最"网红"的小镇，网上很多介绍阿马尔菲海岸线的照片都拍摄于此。

❖ 波西塔诺圣母教堂

❖ 约翰·斯坦贝克

约翰·斯坦贝克（1902—1968年），美国作家，代表作品有《人鼠之间》《愤怒的葡萄》《月亮下去了》《伊甸之东》《烦恼的冬天》等。1962年获得诺贝尔文学奖。他在游记《波西塔诺深深噬咬》中写道："波西塔诺是一个梦乡，你在时，它不很真切，你离开后，它变得栩栩如生……"

波西塔诺被誉为地中海最美小镇，它是一个梦幻般的小镇，这里没有喧嚣，没有车水马龙，更看不见灯红酒绿，这里的人和事都是缓慢而精致的。它的美丽能抓住每一个过客的心，在他们心间留下深深的烙印。

作家约翰·斯坦贝克在《波西塔诺深深噬咬》中的溢美之词，将波西塔诺推向了世人的眼中，一个个名流慕名而来，在此流连忘返，在起伏的山林之间盖起了一座座或大气庄严、或秀美雅致的豪宅别墅，使波西塔诺成为社会名流的后花园。

波西塔诺除了众多的名流豪宅外，其最具特色的景观还要数山腰间层层叠叠的民居，它们仿佛五颜六色的瀑布，倾泻在地中海的怀抱之中，房屋之间的街道曲径通幽，而且这些街道是由一级级的石头台阶组成，蜿蜒曲折。街道两旁被五颜六色的花丛、绿色植被点缀，能使每个徒步于此的游客在不经意间总能邂逅如仙境般的美景，因此，这里被各地游客称为"神仙路"。

❖ 波西塔诺祖母绿洞
在离波西塔诺海滩不远处有一个小型蓝洞，洞中的海水呈翡翠的碧绿颜色，需要搭乘小船进入。

❖ 波西塔诺石阶街道

波西塔诺几乎每户人家门前的墙上都镶嵌着一块彩色的瓷砖，刻着他们自家的门牌号或者旅馆、民宿的名字。

在旅游旺季，阿马尔菲车道上交通堵塞数小时是家常便饭，坐在车里能眺望远处无尽的海景，走下车还能在路边流动商贩的小摊上买到当地特产——柠檬、柑橘和红辣椒。

阿马尔菲车道沿着阿马尔菲海岸线，由东向西经过十几个色彩斑斓的村镇，结束于波西塔诺，沿途的每个小镇都称得上"人间天堂"，无论多么美的文字也抵不过亲自在阿马尔菲车道上体验驾车赏景的乐趣。

沿着小镇的石阶通过圣母教堂门前的平台，在数十米之外的地方就是被誉为欧洲最美丽的海滩——波西塔诺海滩。这片海滩位于海湾的凹处，被周边悬崖上的五彩房屋包围，海滩上排列着彩色遮阳伞、沙滩椅；海水清澈湛蓝，点点白帆散落在海面上，为蓝天碧海加上了一抹浓重的深沉。波西塔诺海滩经常出现在明信片和画家的油画上。

❖ 波西塔诺海滩上排列着的彩色遮阳伞

格伊斯通道

随 时 可 能 消 失 的 公 路

格伊斯通道是世界上最危险的水上公路之一，它非常神奇，横穿海面，每天随着潮汐变化而或隐或现，仅退潮后很短时间内可以通车，其他时间都会隐藏在海水之中。

格伊斯通道位于法国旺迪省，是一条连接滨海博瓦海湾和外岛努瓦尔穆捷岛的海上道路。

自然形成的海上通道

格伊斯通道是一条自然形成的海上通道，全长大约 4.2 千米，一直是努瓦尔穆捷岛上的原住民通往大陆的通道，其最早于 1701 年被标注在地图上。1840 年，法国政府出资对这条通道进行修整和加固后，允许车辆和马匹通过。在 1971 年努瓦尔穆捷岛通往大陆的大桥建成之前，格伊斯通道是唯一一条与大陆连接的公路。

从法国巴黎抵达格伊斯通道大约需要 5 小时。

格伊斯通道曾两次作为环法自行车赛的起点。

❖ 快要被海水淹没的格伊斯通道

❖ **滨海博瓦镇的圣斐理伯大教堂**

滨海博瓦镇地处滨海博瓦海湾内,是一个安静的海边小镇,作为通往格伊斯通道的首站,常有游客在此逗留,根据潮汐,挑时通过格伊斯通道。

滨海博瓦镇是一个古老的小镇,镇中有众多古老的建筑,其中圣斐理伯大教堂最有名。圣斐理伯大教堂混合了10世纪的罗马式风格、12世纪的早期哥特式风格和14世纪的哥特式风格。

如果不小心被潮汐困在格伊斯通道上,可以迅速离开车辆,然后爬上道路两旁的救援塔,等待退潮或救援。

❖ **格伊斯通道旁的救援塔**

❖ 逐渐被淹没的格伊斯通道

如今，虽然有一座大桥连通努瓦尔穆捷岛，但是，大部分来此旅游的人还是喜欢自驾通过这条神奇的海上通道。

神奇的"潮汐之道"

格伊斯通道两侧的海水总是汹涌翻滚，潮汐变化非常迅速，每次涨潮、退潮都会在极短时间内出现，想要欣赏这条海上通道，只能在潮水没有上涨前的几小时或退潮之后才能通行。所以，这条通道又被称为神奇的"潮汐之道"。

在这条通道上只有唯一一条交规，那就是不许停车，因此自驾者不能在通道中间停车拍照，但是因为沿途美景的诱惑，总会有很多车停靠在道路两边，在退潮后的沙滩上逗留。不过，这样做的风险很大，一旦错过了最佳通过时间，就会遭到惊涛骇浪的袭击，只能弃车，车辆极可能被毁坏。

享受在海上飞速前行的激情

虽然格伊斯通道是一条有风险的通道，可是这并不能阻止人们来此大胆尝试与围观，更有一些疯狂的游客，专门挑选在快要涨潮时驾车通过格伊斯通道，和潮汐比速度，享受在海上飞速前行的激情。

❖ 鸟瞰努瓦尔穆捷岛

格伊斯通道被喻为世界上最具有挑战性的公路，这里每年都会举办"格伊斯跑"，数以万计来自世界各地的跑步爱好者聚集于此，随着涨潮踏浪飞奔，场景非常壮观，而这种跑步形式非常奇特和刺激。

随着格伊斯通道的知名度不断扩大，这里被旅行者奉为法国最美、最奇特的水上公路，因而被列入"世界12条最神奇堤道"之一。

> 努瓦尔穆捷岛在维京时代曾是维京人停船、补给和藏匿的理想之地。

努瓦尔穆捷岛

努瓦尔穆捷岛位于格伊斯通道的终点，在1971年修建跨海大桥之前，这里一直依靠格伊斯通道与大陆相连，也因为这条通道使这座不起眼的小岛成为网红岛。

努瓦尔穆捷岛上有长达40千米的海滩，无论是晒太阳、打球、冲浪、出海垂钓、潜水等，在这里都能获得满足，因此，每年都会有大量来自全球的旅行者到此度假。

努瓦尔穆捷岛还因得天独厚的自然风光而成为法国富人的避世天堂，岛上有很多法国富人的花园。

> 努瓦尔穆捷岛上种植的土豆非常稀有，每千克可卖600美元，堪称"土豆界的爱马仕"。

❖ 努瓦尔穆捷岛的土豆

阿尔卑斯大道

欧 洲 最 高 的 公 路 风 景 线

阿尔卑斯大道被誉为全球十大风景最美公路之一，不论是在大道上骑自行车、摩托车还是开车，都可以领略到阿尔卑斯山的壮观山景、绝美的山谷风光以及醉人的地中海美景。

阿尔卑斯大道位于法国东南部，全长 684 千米，北起风景如画的莱芒湖畔，横穿阿尔卑斯山脉，途经 16 个山口，海拔最高处超过 2000 米，一直延伸至风景旖旎的地中海边的芒通小镇。

阿尔卑斯山脉是欧洲最大的山脉，欧洲许多大河，如多瑙河、莱茵河、波河、罗讷河等均发源于此。各河上游都具有典型山地河流特点，水流湍急，水力资源丰富。

由自行车观光通道发展而来

阿尔卑斯山脉位于欧洲中南部，其范围包括意大利北部、法国东南部、瑞士南部、列支敦士登、奥地利、德国南部及斯洛文尼亚等。

在战争年代，各国势力在阿尔卑斯山上都建有战略要塞，为了更畅通地交流和通讯，在要塞之间修建了多条公路。中世纪末期，法国成为欧洲大国之一，其国力于 19—20 世纪时达到巅峰。1909 年，在法国旅游俱乐部的推动下，人们陆续将阿尔卑斯山上一些要塞之间的公路连接了起来，形成了如今的阿尔卑斯大道，作为一条自行车观光通道。

阿尔卑斯山脉西起法国东南部尼斯附近的地中海海岸，呈弧形向北、向东延伸。

❖ 蜿蜒的阿尔卑斯大道

❖ 莱芒湖风景

莱芒湖就是日内瓦湖，法国人叫它莱芒湖。湖面面积约为580平方千米，在瑞士境内占362平方千米，法国境内占218平方千米。这个插入水中的饭叉是阿尔卑斯大道的旅游打卡景点，很多来此的游客都会在此拍照留念。

如今，经过100多年的发展，阿尔卑斯大道已经从自行车观光车道发展为徒步、骑行、自驾旅行爱好者青睐的经典线路。

起点依云镇

莱芒湖又称日内瓦湖，是阿尔卑斯湖群中最大的一个，也是世界第一大高山堰塞湖。阿尔卑斯大道北端起点就位于莱芒湖畔的依云镇（又叫作埃维昂莱班）。"依云"这个名字源自凯尔特语"evua"，即"水"的意思，这里盛产泉水，而且"依云矿泉水"全球有名。

阿尔卑斯山的风景总是出现在各种各样的影视剧中，如《夏洛克·福尔摩斯》《茜茜公主》等电影中都有关于阿尔卑斯山的场景。

❖ 电影《夏洛克·福尔摩斯》中的阿尔卑斯山风景

❖ 依云镇的饮水点

依云泉水长年累月地流淌着，小镇上有4个公共饮水点，供人们免费饮用。其中最有名的叫作依云水源头。由于传说中依云水能治疗一些疾病，因此，每天都会有许多人慕名来此取水，这里也是大部分阿尔卑斯大道自驾者补充饮用水的地方之一。

依云镇坐落在阿尔卑斯山区的中心，在法国和瑞士的交界处，小镇四周是葱翠的丛林和巍峨的高山，其秀丽的自然风光和湖光山色令人陶醉，是欧洲的热门旅游地点。

勃朗峰

从依云镇出发，沿着阿尔卑斯大道向南行走不远，可以看到在郁郁葱葱的山谷映衬下的阿尔卑斯山主峰——勃朗峰。勃朗峰海拔4810米，是阿尔卑斯山的最高峰，也是西欧的最高峰。勃朗

❖ 依云镇风光

依云镇曾在欧洲城市园艺比赛中夺得桂冠。

勃朗峰峰顶终年积雪，远远望去，非常醒目。

❖ 勃朗峰

❖ 夏蒙尼小镇周围的山脉

法国最高的缆车就在夏蒙尼的艾古尔杜米迪山上。

❖ 夏蒙尼艾古尔杜米迪山的缆车

峰附近最有名的两个城镇是意大利瓦莱达奥斯塔的库马耶与法国罗纳-阿尔卑斯大区上萨瓦省的夏蒙尼。1924年，第一届冬奥会曾在这里举行。除此之外，夏蒙尼镇周边的勃朗峰和众多山峰上都拥有非常完美的雪景，是世界有名的滑雪和观雪活动场所。如果不喜欢雪，还可以从夏蒙尼镇乘坐樱桃红色的小火车或者自驾，去往法国最大的冰川梅德格拉斯，参观冰川中的冰洞，或者去蒙坦弗斯避难所餐厅享用传统美食。

欧洲大陆最高的公路

沿着阿尔卑斯大道继续南下，沿途不仅有或怪石嶙峋，或郁郁葱葱的山谷，还有始建于千年之前的修道院遗迹、飞流直下的瀑布和保存着古朴风韵的石头村落。

阿尔卑斯山上有很多公路，而且各国境内的公路特点不同，比如，意大利段的公路险峻奇绝，发卡弯一个接一个，能让每位驾驶者心跳加速；而法国境内的阿尔卑斯大道不仅有许多狭窄路段、崎岖山路、危险弯道和陡峭坡段，还以高著称，其中以伊瑟朗山口这段公路最有名。

❖ 伊瑟朗山口

在阿尔卑斯大道行驶的汽车进入伊瑟朗山口段之前，一定要检查刹车系统的有效性，否则在伊瑟朗山口段爬坡或急速下坡时很容易出现危险。

阿尔卑斯大道在伊瑟朗山口处的公路虽然仅有 14.5 千米长，但从开始的海拔 1850 米迅速升高至海拔 2764 米，整整升高了 914 米，因此，成为环法自行车赛的爬坡赛段。同时，这段公路被誉为"世界上最疯狂的公路"之一。

伊瑟朗山口这段阿尔卑斯大道是欧洲大陆最高的公路，也是风景最壮美的制高点。

终点芒通

阿尔卑斯大道一直往南，结束于法国东南部的地中海沿岸小城芒通。

芒通是法国蔚蓝海岸的最东站，位于摩纳哥与意大利之间，一年四季气候温和，全年有 300 天以上都是晴天，即使冬天也很温暖，是一个充满度假气氛的五彩小城，昵称为"法国珍珠"，因盛产柠檬而得名。

芒通人口不足 3 万人，却是欧洲产柠檬最多的城市，而且每年 2 月会举办"柠檬节"，整个"柠檬节"会消耗掉 100 多吨柠檬，届时广场上会有一座座用柠檬垒放的艺术雕塑，

芒通临近法国和意大利边境，法国南部地中海的风光尽收眼底，如果时间允许，从阿尔卑斯大道下来后，不妨沿着海岸线驾车逛一逛，如摩纳哥，法国南部度假胜地尼斯、戛纳等地。

很多英国人会在冬季到芒通避寒和度假。

英国医生詹姆斯·贝内特在《冬季疗养胜地——芒通与里维埃拉》中记述了他身患绝症，1859 年冬天来到芒通等待死亡，但 1861 年却奇迹痊愈的经历。这本书出版后，芒通便逐渐成为蔚蓝海岸著名的疗养胜地。

芒通的柠檬酸性较强，柠檬皮含油精量也较高，做成的香氛和其他化妆品香味浓郁，非常受欢迎。

❖ 芒通柠檬节用柠檬制作的各种装饰

1929年，在酒店经营者的建议下，当地开始利用当地柑橘类水果和鲜花做展览，举办"狂欢节"一样的活动，在这样的"狂欢节"带动下，1935年，举办了第一届柠檬节，而后每年都会举办一次。

芒通柠檬节每一届的主题都不同，如第85届的主题是"印度风"，因此用柠檬垒成孔雀、泰姬陵、吹笛玩蛇的人、皇家马车等印度元素的艺术作品。

2023年第89届芒通柠檬节于2月11日至26日举行，主题是"摇滚和戏剧"。

街道边到处都是关于柠檬的招贴，商店里随处可见和柠檬有关的商品，整个芒通都弥漫着柠檬的味道。节日期间会有超过50万来自世界各地的人聚集到芒通，其热闹程度仅次于同在蔚蓝海岸的尼斯的嘉年华。

芒通是一座典型的地中海小城，空气中充满了柠檬的芬芳，夏季的薰衣草和向日葵成片开放，充满热带风情的棕榈树布满在山腰，巴洛克式别墅错落有致地点缀在地中海沿岸，曲径通幽的五彩老城使人舒心惬意，芒通到处都透着梦幻般的魅力，给在阿尔卑斯大道的旅行画上了完美的句号。

❖ 芒通老城

芒通声名远扬，吸引了福楼拜、曼斯菲尔德、乔治桑等大批文学家和艺术家，欧仁妮皇后、维多利亚女王、阿斯特丽德女王等也曾在这里修建了度假别墅。

土耳其 D400 公路

土 耳 其 最 美 的 沿 海 公 路

土耳其 D400 公路是世界十大沿海公路之一，它跨越了 3 个海域（土耳其"死海"、地中海、爱琴海），沿海岸线自驾十分惬意，被誉为"土耳其最美的沿海公路"。

❖ 土耳其 D400 公路

去过土耳其旅行的人大都知道土耳其 D400 公路，也都知道该公路沿线的卡什小镇和卡普塔什海滩，而这条公路的魅力远不止于此。

依山沿海而建

土耳其 D400 公路位于土耳其西南沿海安塔利亚—伊兹密尔之间，全程 900 多千米，是一条依山沿海而建的双向两车道公路，其规格相当于土耳其的国道或高速公路，有些地方的弯道很窄，但是并不妨碍行驶，整体来说，这是一条非

115

❖ 土耳其 D400 公路沿途美景

这是与土耳其 D400 公路红海沿岸的库萨达斯相连的一座小岛。

常好走的公路。整条公路几乎没有岔路口，而且每个沿途景点和注意地段都有指示牌。不过，当地人开车不太遵守交通规则，会超速行驶或突然急刹车，还喜欢将车乱停乱放，因此，在土耳其 D400 公路还是得小心驾驶。

土耳其 D400 公路沿途有一些漂亮的小城镇和很多小教堂，路边随处可见石榴树和橙子树，海岸线上分布着大小各异的海滩，非常漂亮。

土耳其的驾驶习惯和我国一样，都是左舵靠右驾驶，因此，在土耳其 D400 公路上选择从逆时针方向驾驶，能更加靠近大海一侧，可以一览无余地欣赏到更多的蔚蓝色海景。

安塔利亚每年只有 12 月和次年 1 月的天气略凉，雨多，这个时期属于淡季，游客稀少。

棉花堡（Pamukkale）位于土耳其代尼兹利市的西南部，虽然偏离了土耳其 D400 公路，但是却是公路沿线最值得专门抽时间去一游的景点。棉花堡是一个温泉度假胜地，有古怪的好似棉花一样的山丘。

❖ 棉花堡

❖ 哈德良门

哈德良门位于安塔利亚的卡雷奇老城的正门处。公元 130 年，罗马帝国皇帝哈德良到此视察时，修建了哈德良门。

❖ 阿斯潘多斯古剧场

阿斯潘多斯古剧场始建于公元 155 年，位于安塔利亚东部，距离安塔利亚市中心 47 千米左右，古剧场直径 96 米，有可容纳 7000 人的石阶，古剧场经历近 2000 年的风沙侵袭，是迄今为止世界上保存最为完整的古罗马剧场遗址之一。

安塔利亚

安塔利亚位于土耳其南部，面向地中海，是土耳其 D400 公路上的重要城市。

安塔利亚是一座非常古老的城市，早在公元前 2 世纪，小亚细亚的帕加马王国的阿塔罗斯二世就在此建城，并以自己的名字"Attaleia"命名，安塔利亚（Antalya）的名称就源于此。

安塔利亚作为地中海上的重要港口，历史上被罗马帝国、拜占庭帝国和塞尔柱人、奥斯曼帝国轮番统治，不同的文明也给安塔利亚带来了独具特色的魅力，著名景点有古罗马时期的哈德良门、阿斯潘多斯古剧场和 1207 年塞尔柱突厥人建造的伊乌里宣礼塔等。

❖ 伊乌里宣礼塔

伊乌里宣礼塔是 1207 年塞尔柱突厥人塞尔柱克·苏丹·阿雷丁·凯库巴得一世统治时期主持修建的。

❖ 土耳其 D400 公路凯梅尔沿海段

每年 4 月，凯梅尔都会举行精彩纷呈的狂欢节。每年春天还会举行各种国际快艇比赛。

卡什小镇有很多古老的建筑，如海边高地的古城墙、码头附近的清真寺、国王石棺、方尖碑等。

蓝旗海滩是由欧洲环境保护教育协会颁发的被广为认可的生态标志，这是嘉奖给在经营管理和鼓励环保的政策中高度重视环保的海滩和港口。

安塔利亚的海水温暖舒适，全年 300 多天都适合在此游泳、潜水、冲浪、泛舟。

安塔利亚的景点非常多，但是分布得比较分散，大部分都不在土耳其 D400 公路周围，因此需酌情抽时间去欣赏。

凯梅尔

由安塔利亚沿着土耳其 D400 公路向南行驶 65 千米，可以到达地中海沿岸的海滨度假胜地凯梅尔。

凯梅尔很小，很和谐地和山海环境融为一体，长长的海边长廊一直延伸到被定为"蓝旗"（优良）海滩的凯梅尔海滩，该海滩被遍布松树林的海岸线紧紧环抱成一个小海湾，这里常年有各种海上活动供游客选择。海滩不远处有一个露营基地，可供自驾游客驻车休息露营，在露营基地边有观光缆车可直达海拔 2365 米的塔塔利山。

卡什海滩不大，三面被高高的峭壁环绕，它在土耳其非常有名，是每个自驾于土耳其 D400 公路上的游客的必游之地。

❖ 卡什海滩

卡什小镇的码头上停靠着不少私人游艇、帆船和渔船，随着旅游业的发展，还发展了游艇、潜水、降落伞、海钓等旅游项目，已逐步成了地中海的度假乐园。

卡什小镇原是一个宁静的乡村小渔港，因坐拥优越的自然地理位置，逐步成为休闲度假之地。

卡什小镇坐落于被称为"世界上十大最美徒步路线"之一的利西亚路的中段，不仅是土耳其D400公路沿途最美的小镇之一，也是安塔利亚到费特希耶之间最美、最让人迷恋的小镇。

卡什小镇

由凯梅尔沿着海岸线继续往南，然后随着海岸线逐渐往北行驶109千米，就可以到达土耳其有名的卡什小镇。

卡什小镇很小，却在土耳其旅游圈内很有名，它位于一个半岛的港湾之内，背后倚靠大山，可以遥望希腊岛屿迈吉斯蒂岛。小镇十分宁静安逸，自然生态环境保护得很好，随处可见古老的遗迹和历史建筑，拥有美丽旖旎的海滨风光。街道小巷整洁干净，绿树鲜花随处可见，是一个恬静、慵懒、随性的世外桃源。

土耳其D400公路沿途有许多海滩，卡什海滩是其中非常有名的网红海滩，拥有地中海最有魅力的自然风光，很多介绍土耳其旅游的杂志上都曾刊登过卡什海滩的风景照片。

❖ 土耳其D400公路卡什小镇段

卡什小镇和土耳其大多数城镇一样，小镇内小巷的路都是特别窄的小路，路况很好，唯一的缺点就是停车位太少，小镇最好的游玩方式是将车停在镇外，然后步行探索小镇，或者去海滩享受日光浴。

卡什小镇不大，这里的商铺、港口、集市、超市样样齐备，而且都比较集中。小镇的每一处都很美，拿起手机随手一拍就是一张小清新风格的美照。

❖ 土耳其D400公路卡什段美景

119

❖ 帕塔拉巨大的拱门

帕塔拉在希腊文明时代就是重要的港口，沿着港口的木栈道，可以到达修建于公元前的 3 座巨大的拱门。穿过拱门有一个刚从沙丘中挖出来的公元前 2 世纪建造的圆形剧场，站在剧场的高处，可以看到海岸线的美丽风景。

土耳其 D400 公路的卡什小镇段的沿海公路是最美的，也是最能让人在自驾途中享受静谧、忘却城市的喧嚣、完全放松自己并融入自然的一段公路。

帕塔拉

帕塔拉位于卡什小镇往西北不远处，有点偏离土耳其 D400 公路，但是离它并不远，是一个值得专门花点时间一游的地方。

帕塔拉被认为是圣诞老人的出生地，在希腊神话中，这里也是太阳神阿波罗出生、休息和过冬的地方。它因拥有一片长达 1.8 千米的白色沙滩而闻名世界，在沙滩边到处散落着几千年前的文明遗迹。

费特希耶

从卡什小镇向北，土耳其 D400 公路会离开海岸线，驾车大约 1.5 小时后向西，映入眼帘的是一片宁静的"土耳其死海"，长长的海岸线在费特希耶前迂回成一个大回转的海湾。海湾内散落着许多小岛，海面平和而静谧，船桅林立。

厄吕代尼兹海滩是土耳其地中海沿岸最美丽、最著名的海滩，它位于土耳其死海沿线，因此又被称为"死海滩"。整个海滩位于潟湖边，被群山环抱，海水平静无波，水中的倒影几乎静止不动。在这里可以游泳、潜水，或者乘坐滑翔伞，飞到空中鸟瞰厄吕代尼兹海滩，蓝天、碧海、青山、白沙融合一体的感觉，充斥着迷离的色彩。

❖ 鸟瞰厄吕代尼兹海滩

❖ 卡亚可石头村

卡亚可石头村位于费特希耶以南10千米的卡亚可的山坡上，小村有近4000幢房屋，曾经是希腊籍居民和土耳其人杂居的地方。1919—1922年第二次希土战争后，土耳其政府将希腊人遣返回希腊，村庄中大量的房屋被废弃，1957年发生了一场7.1级大地震，卡亚可石头村被彻底摧毁，成了现在旅游者探险寻秘的地方。

❖ 老房子的装饰门

土耳其D400公路沿线有很多这样的装饰，有典型的土耳其风格，又含有一丝希腊的味道。

❖ 费特希耶美得让人窒息的夜景

费特希耶镇是土耳其南部的著名古镇和度假胜地，也是土耳其D400公路沿途经过的重要城镇。小镇白天非常热闹，主要街道和港湾内都非常拥堵，到处都是游客，只有到了晚上，整个小镇才会安静下来，而这时整个海港和小镇的灯光美得让人窒息。

土耳其死海这个名称来自其独一无二的海岸地形：一条狭长的海岸划入宁静的地中海海湾中，将海湾一分为二，内侧的海水由于面积狭窄，如一潭死水波澜不惊，而另一侧则是海浪波涛，形成独特的视觉效果。

费特希耶镇的主要旅游项目有厄吕代尼兹海滩、滑翔伞、利西亚石棺、阿敏塔斯之墓、卡亚可石头村、费特希耶鱼市、石头鬼城和跳岛游等。

博德鲁姆

土耳其 D400 公路过了费特希耶后往西北走，风景没有安塔利亚到费特希耶那段公路密集，但是公路曲曲折折，沿途古老的村落、小镇依旧是一个接一个，经过 7 小时左右的驾驶，就会来到地中海与爱琴海的交汇处——博德鲁姆。

博德鲁姆是土耳其在爱琴海最南端的城市，面对希腊的科斯岛，古时候这里是战略要地，被称为卡利亚的哈利卡那索斯，城内有众多的历史建筑，其中最有名的是博德鲁姆城堡，它是这座港城最显著的地标打卡地，也是历史见证物。除此之外，博德鲁姆境内还有古代世界的七大奇迹之一——赫赫有名的摩索拉斯陵墓。

❖ 阿敏塔斯之墓

阿敏塔斯之墓位于费特希耶南面的山上，建于公元前 350 年，是一座伊奥尼亚式寺庙，墓室早已被盗墓贼洗劫一空，不过，整座墓室壮观大气，墓门上刻着古埃及象形文字和古赫梯楔形文字。

博德鲁姆是一个爱琴海边特别靠近希腊的小镇，因此也有着希腊的风格，几乎每栋房屋都朝向海湾，而且几乎每座小楼都有观景阳台，每一条小巷最后的尽头都是同一个海湾、同一片大海。

❖ 博德鲁姆港湾

❖ 摩索拉斯陵墓遗址

摩索拉斯陵墓是为卡里亚王国的国王摩索拉斯而建的，它是古代世界七大奇迹之一，现在只剩下残败的遗迹，出土的大量浮雕和雕塑目前存放在大英博物馆。

❖ 博德鲁姆城堡

博德鲁姆的比泰斯海滩是拍摄博德鲁姆城堡照片的最佳角度。

博德鲁姆城堡别名为圣彼得城堡，是十字军骑士团在15世纪建造的，位于博德鲁姆海湾入口，它扼守爱琴海与地中海的分界线。16世纪，成为奥斯曼帝国的国土。1895年，被改建为一座监狱，曾经关押过700多名犯人。现在是世界屈指可数的失事船只博物馆，城堡内还有一个水下考古博物馆。从博德鲁姆城堡可俯瞰整个博德鲁姆的全貌，包括港口和滨海大道。

博德鲁姆不仅是一个历史古城，还是一个风景优美的度假城市，国际著名的蓝色航程游艇中心便在博德鲁姆港湾之中。

红海段

土耳其D400公路从博德鲁姆开始，一路沿着红海海岸向北，沿途村镇的建筑常带有希腊风格，房屋被涂抹得五彩多姿，街道上各种装饰物文艺清新，醒目的三角梅随处可见，希腊的大小岛屿与土耳其西海岸隔海相望。

土耳其D400公路的红海段虽然不及地中海段的海景那么漂亮，但是沿途也不乏知名景点。比如，库萨达斯依岸而建，有许多随地势起伏而建的彩虹房子；现存世界上最大的古希腊、古罗马时期的古城以弗所，它在古希腊和古罗马时期曾经繁荣盛极一时；爱琴海海滨传统的度假胜地，被湛蓝、清澈的蓝色海洋包围的切什梅和阿拉恰特等。

博德鲁姆到处都是白色的房子，就连红色主调的麦当劳也入乡随俗，外墙也是白色的。

❖ 白色的麦当劳

❖ 以弗所古城的阿尔忒弥斯神庙遗址

以弗所是塞尔丘克的旧城区，保留了传统的土耳其文化和地方特色。

以弗所古城大致保持原状，未经开发，内有古代世界七大奇迹之一的阿尔忒弥斯神庙等历史遗址，以及圣母玛利亚之家和七圣童之洞，吸引了无数历史爱好者和游客前来，是游客量最多的旅游目的地之一。

库萨达斯很小，南北跨度不超过 10 千米，公路穿过镇中心，路旁停满了各种车辆。当地政府为了吸引游客，将小镇的房屋都粉刷成彩色。

库萨达斯以美轮美奂的海滩和休闲的海滨大道出名，它是土耳其乃至欧洲著名的沿海度假胜地。平时小镇和小镇的沙滩都很安静，不过，每当有游轮停靠时，整个小镇就会迅速热闹起来。

❖ 彩色的库萨达斯

伊兹密尔：土耳其西部的最大海口

从博德鲁姆出发，沿着土耳其 D400 公路一路北上，终点就是伊兹密尔，这段公路沿着红海海岸线，自驾需耗时 10 小时左右。

伊兹密尔旧称"士麦那"，位于土耳其西部沿海，濒临爱琴海，是土耳其的第三大城市和第二大港，同时也是历史文化名城、旅游胜地和军事要塞。

土耳其 D400 公路沿海而行，库萨达斯依红海海岸线而建，这段公路的美景非常突出，有许多打卡风景，常出现在介绍土耳其 D400 公路的画册和宣传广告之中。

切什梅基本上是土耳其大陆的最西端，与希腊隔着爱琴海相望。这里是著名的度假之地，也是土耳其 D400 公路自驾中途休息的首选地，这里的酒店都在海边，而且大多房间都面向大海。如果时间允许的话，完全可以在这里好好休息一天，在这里游泳、钓鱼、随游船出海、在海边散步、晒太阳、吃烧烤，或干脆就坐在房间阳台上对着大海发呆。

切什梅意为"喷泉"，因 18、19 世纪在这个地区发现了大批很棒的水源和泉眼而得名。站在海边的切什梅堡上，远眺爱琴海，水天一色，海鸟飞翔，仿佛穿越到了童话世界，眼前的一切都美得不再真实。

❖ 切什梅

❖ 切什梅堡

伊兹密尔是爱琴海古代文明发祥地之一，至今保留有不少古迹，如该城的地标、有近百年历史的库纳克钟楼；公元 2 世纪的古罗马市场遗迹。此外，还有罗马大道、克泽勒朱卢克拱形水渠桥、阿塔图尔克（凯末尔的尊称，意为"土耳其之父"）的雕像、考古博物馆等。

伊兹密尔仿佛是土耳其爱琴海沿岸的一颗珍珠，光彩夺目；爱琴海的波澜轻轻地拍打着海堤，水天相接，景色美不胜收，这一切都给在土耳其 D400 公路上的自驾者一个完美的结尾。

❖ **库纳克钟楼**
库纳克钟楼广场位于爱琴海边，是伊兹密尔的重要中心广场。广场中央的库纳克钟楼建于 1901 年，是伊兹密尔的重要地标。广场周围的建筑还有伊兹密尔市政厅、库纳克清真寺等。

古罗马市场遗迹又称为士麦那古市场，地处伊兹密尔中心区，是一处宏伟的希腊–罗马时代遗迹，现在是一个露天博物馆。它是亚历山大大帝修建的，在公元 178 年的一次地震中遭到彻底毁坏，后被罗马帝国皇帝奥勒留重建。

❖ **古罗马市场遗迹**

❖ 伊兹密尔广场上的雕塑

伊兹密尔以"美丽的伊兹密尔"著称于土耳其,3000年前,它和特洛伊并称为西方安纳托利亚文化最昌盛的城市。

因风光秀美,"士麦那"在古希腊文学家卢西奥诺斯和古罗马雄辩家普林尼的眼中是美丽和光明的代名词。

伊兹密尔在2019年全球城市500强榜单中,排名第260位。

法国作家雨果曾这样描述:"伊兹密尔如同一位公主,伴着她美丽的白纱;就像幸福的春天,伴着她轻轻唤起的歌声。"

127

厄勒海峡大桥

瑞典通向欧洲的大桥

厄勒海峡大桥连接丹麦的东部地区和瑞典的南部地区,这是北欧及波罗的海地区国际性都市群最密集、经济最活跃、文化交流最频繁的地区。

厄勒海峡大桥也称欧尔松大桥,是欧洲国际公路"欧洲 E20"中连接丹麦的哥本哈根和瑞典第三大城市马尔默之间的一段公路。

横跨厄勒海峡

厄勒海峡大桥横跨厄勒海峡,连接丹麦首都哥本哈根和瑞典城市马尔默。大桥全程跨度 16 千米,由瑞典境内 8 千米长的斜拉跨海大桥、丹麦境内 4 千米长的海峡中人工岛上的公路和丹麦境内 4 千米长的海底隧道 3 部分组成,它是目前世界上已建成的承重量最大的斜拉索桥。厄勒海峡大桥是欧洲 E20 公路中的一段,上面有丹麦和瑞典的国界线。

欧洲最长的行车铁路两用大桥隧道

厄勒海峡大桥是人类跨海桥建筑上的奇迹之一,桥面上可通汽车,二层桥通火车,大桥至哥

❖ 厄勒海峡大桥

1886 年,瑞典和丹麦两国专家就曾提出过连接海峡的方案。1991 年,两国政府达成协议,建造一座横跨厄勒海峡的国际跨海大桥。

厄勒海峡大桥于 1995 年动工,1999 年 8 月 14 日连接成功,丹麦王储弗雷德里克和瑞典公主维多利亚在大桥中间相遇,庆祝大桥的顺利合龙。2000 年 5 月大桥完工,7 月 1 日两国举行了隆重的庆祝仪式,由丹麦王后玛格丽特二世和瑞典国王卡尔十六世古斯塔夫主持,在翌日开始通车。

欧洲 E20 公路(简称 E20)是欧洲国际公路之一,从西向东穿过爱尔兰、英国、丹麦、瑞典、爱沙尼亚,到达俄罗斯,全长 1880 千米。

本哈根一侧则突然消失在人工岛上。人工岛是跨海大桥和海底隧道的衔接点，大桥从人工岛进入海底隧道。海底隧道长4050米，宽38.8米，高8.6米，位于海底10米以下，隧道由5条管道组成，它们分别是2条火车道、2条双车道公路和1条疏散通道，它是目前世界上最宽敞的海底隧道，也是全欧洲最长的行车铁路两用大桥隧道。

厄勒海峡

厄勒海峡也称为松德海峡，位于瑞典南部和丹麦西兰岛之间，连接波罗的海和卡特加特海峡。

厄勒海峡形成于7000年前的冰河时期，海峡长110千米，宽4~28千米，水深12~28米，是波罗的海最深的水道。

厄勒海峡自古以来就是一个战略要地，瑞典和丹麦在海峡两岸都建有堡垒，如今厄勒海峡大桥将两国连通，这些曾经用于抵御外敌的堡垒都成了旅游景点。

哥本哈根

哥本哈根是丹麦的首都、最大城市及最大港口，也是北欧最大城市和丹麦的政治、经济、文化、交通中心。它既是现代化的都市，又具有古色古香的特色，是世界上著名的历史文化名城。

哥本哈根被称为最具童话色彩的城市。12世纪时，阿布萨隆大主教在罗斯基勒修建要塞，后发展成为"商人之港（哥本哈根）"，现在是一个重要的港口城市，其浪漫的气质吸引了众多游客。

哥本哈根与瑞典第三大城市马尔默隔厄勒海峡相望，从哥本哈根市政厅广场出发，经过厄勒海峡大桥，跨越厄勒海峡到达马尔默，只需40分钟车程。

❖ 两国交界之处的"Denmark（丹麦）"路牌

由瑞典经厄勒海峡大桥向西，在大桥上有"Denmark"（丹麦）的路牌，过了路牌便是丹麦。

如今丹麦方规定，任何外国潜艇经过厄勒海峡时，都必须浮出水面。

厄勒海峡大桥的人工岛上面动植物非常多，如很多鸟类和罕见的绿蟾蜍都选择此地作为栖息地。

❖ 消失在人工岛的厄勒海峡大桥

❖ 马尔默著名的旋转大楼

旋转大楼是马尔默的地标性建筑，也是北欧最高的建筑，整栋大楼旋转了90度，由西班牙设计师设计。

每年8月的第三周是"马尔默节"，届时大街小巷都会有各种不同的美食和活动。每年3月马尔默会举行BUFF国际儿童和青年电影节。

❖ 丹麦标志——美人鱼雕像

哥本哈根是一座充斥着古老与神奇、艺术与现代的旅游城市，丹麦标志——美人鱼雕像是以安徒生童话《海的女儿》为蓝本的青铜雕塑。

马尔默

马尔默是瑞典第三大城市，其最早的名称为"Malmha"，即"沙滩"的意思。它在1275年由丹麦人建立，而且在很多世纪以来一直是丹麦的第二大城市，17世纪时马尔默被瑞典占领，之后马尔默与丹麦被边境线分割开，两国之间仅靠轮渡或飞机才能往来。直到2000年厄勒海峡大桥落成，马尔默乃至整个瑞典与丹麦以及欧洲大陆的往来才变得更加便利。因此，在瑞典，厄勒海峡大桥被称为"瑞典通向欧洲的大桥"。

萨卡罗博拉公路

世界上风景最壮观的道路之一

西班牙旅游局官网称："在马略卡岛，每一个角落都有令人惊喜之处，探索这座岛屿的好方法是租一辆车出去旅行。"萨卡罗博拉公路就是马略卡岛上的一条绝美自驾公路，它以蛇形盘山公路而闻名于天下，被称为"世界上风景最壮观的道路"之一。

萨卡罗博拉公路位于西班牙著名的旅游胜地马略卡岛西北，是通往该岛的滨海小镇萨卡罗博拉的唯一陆路通道。

马略卡：与夏威夷齐名的度假胜地

马略卡岛是西班牙巴利阿里群岛中的最大岛屿，地处西地中海，被西班牙大陆、法国大陆、意大利萨丁岛和北非大陆包围。

马略卡岛拥有地中海最美、最迷人的海岸线，陡峭的悬崖、平缓的高地、辽阔的海湾、湛蓝的海水和一望无际的沙滩，以及层层梯田和美丽的田野风光等，勾勒出了一幅几乎让人窒息的绝美图画。

马略卡岛每年有约 300 天阳光灿烂的日子，被称为"地中海的乐园"，在欧洲人眼中，它是与夏威夷齐名的度假胜地，有欧洲"蜜月岛"的美誉。

❖ 马略卡岛的层层梯田

❖ 萨卡罗博拉公路

马略卡岛上有许多古罗马、腓尼基和迦太基遗址。至今岛上仍然可以见到一些古罗马和腓尼基时期的建筑元素。

❖ 贝尔维尔城堡

贝尔维尔城堡位于距离马略卡首府帕尔马市中心3千米的郊区，它始建于1300年，共耗时9年完成装修。起初这座城堡被设计成皇家住宅，马略卡历史上的3任国王都曾在这里短暂地驻足过。1343年，马略卡王国灭亡后，这里曾多次被作为监狱使用。

帕尔马主座教堂是马略卡岛上的标志性建筑，它始建于13世纪，建造在帕尔马海边的悬崖之上，是一座唯一能够完全倒映在海水中的哥特式教堂。

❖ 帕尔马主座教堂

令人惊叹的道路地形

从马略卡岛的首府帕尔马向西北方前行约40千米，驾车不足1小时便可以来到特拉姆塔纳山山脚，由此开始沿着萨卡罗博拉公路盘山而行，沿途分布着橄榄树林、松树森林以及石质建筑的小村庄，公路蜿蜒崎岖，总长14千米，包括12个180度的弯道，其中最奇特的一段是一处角度极度刁钻的弯道，被称为"领结弯"，它是世界上风景最壮观的道路之一。

萨卡罗博拉公路沿途拥有得天独厚的自然景观，坐拥令人惊叹的道路地形，对自驾游客来说挑战性极大。

世界最美的自驾公路之一

萨卡罗博拉公路的官方标识为"MA–2141",它是进出萨卡罗博拉的唯一通道,由意大利工程师安东尼奥·帕里蒂于1932年设计。

萨卡罗博拉公路的高低落差达900米,为了尽量少用隧道,公路的斜度大于7%。该公路多奇特的弯角,险而美,全程驾车大约用时25分钟,可以称得上是世界最美的自驾公路之一。自2005年开始,这条公路便成为马略卡岛每年一届的老爷车拉力赛的绝佳场地。此外,它还是2012年的电影《云图》的拍摄地之一。

❖ 萨卡罗博拉公路的"领结弯"

马略卡岛西部为特拉姆塔纳山,地势起伏大,因而造就了令人惊叹而又"柳暗花明"的地理画面。

索列尔小火车自1912年开始往返帕尔马与索列尔之间(全长约27千米),距今已经有110多年,是货真价实的"百年小火车"。如今,乘坐这列承载着百年历史的火车已成为岛上最受欢迎、景色也最壮观的短途旅行项目之一。

由萨卡罗博拉向北,可到达马略卡岛最北端两个著名的观景台,这里被誉为马略卡岛的"天涯海角"。
❖ 马略卡岛的"天涯海角"

❖ 马略卡岛的最北端
马略卡岛的最北端有陡峭的悬崖绝壁，海岸风景壮丽迷人。

❖ 两座高达 200 米的峭壁

萨卡罗博拉

萨卡罗博拉公路翻越特拉姆塔纳山，到达西北侧山脚便是萨卡罗博拉，它的一边是一望无尽的大海，另一边是陡峭的悬崖，是一个与世隔绝的原始海湾小镇。

著名的"Torrent de Pareis"河由萨卡罗博拉的一侧流入大海，而入海口则被两块高达 200 米的峭壁环抱，形如两尊门神守卫在地中海之上，形成了一处宽度只有 25 米的独特石头小海滩。从萨卡罗博拉码头出发，需要翻山穿过一条隧道才能抵达这个海滩，该海滩的沙子不像马略卡岛东部和南部海滩的沙子细腻，这里满海滩都是细小的小石子，拥有美丽的峡谷风光。

❖ **通往萨卡罗博拉海滩的隧道**
从萨卡罗博拉码头按照路标前行,穿过一个山洞便可以到达小镇的海滩。

马略卡岛老爷车拉力赛每年都会举办,萨卡罗博拉公路会为了竞赛而临时封闭,因此要想感受在萨卡罗博拉公路上的自驾乐趣,一定要查询好时间,免得与老爷车拉力赛的时间冲突。

❖ **手表上的萨卡罗博拉公路**
豪利时(Oris)是马略卡岛老爷车拉力赛冠名赞助商,比赛用计时限量码表第二版和日历星期限量表第二版的表壳后盖都刻有(萨卡罗博拉公路)著名的"领带结"环形公路图案。

美洲篇

加州 1 号公路

梦幻般的海边公路

加州 1 号公路是一条梦幻般的海边公路，沿途的美景数不胜数，风情小镇、碧海蓝天、鲜花礁石、悬崖峭壁、古城古堡和随处可见的松鼠、海鸟和海豹，如同一颗颗美丽深邃的宝石，镶嵌在加州连绵不断的海岸线上，组成了一幅迷人的画卷，令人眷恋、着迷和无限向往。

❖ 加州 1 号公路

加州 1 号公路位于美国加利福尼亚州的西部，北起旧金山，沿着太平洋海岸线蜿蜒南下至洛杉矶。途中的大苏尔拥有世界上陆地和海洋接触最美的览胜角度，是加州 1 号公路上最美的景致，被美国《国家地理》杂志评为"一生必去的 50 个地方"。

世界上最神奇、最美丽的公路之一

加州 1 号公路又被称为太平洋海岸公路，全长超过 1000 千米，它依山沿海而建，面向太平洋，背靠落基山脉，一边是海阔天空、惊涛拍岸、风帆点点、碧波万顷；一边是陡峭悬崖、群峦叠翠，牧草如茵、牛马成群，风景美不胜收。由于得天独厚的地理环境，加州 1 号公路被誉为世界上最神奇、最美丽的公路之一。

从旧金山到洛杉矶不止一条公路相通，因此，如果想在加州 1 号公路上行驶，在使用导航时要分段导航并仔细分辨，否则很容易被引导上其他的公路。此外，因为加州 1 号公路西侧贴近海岸线，另一侧则多悬崖和山

> 加州 1 号公路常被误认为是美国 1 号公路。美国 1 号公路贯穿美国东部南北，北起缅因州的肯特堡，南到佛罗里达州的基韦斯特。加州 1 号公路是旧金山至洛杉矶之间的一条景观公路。

❖ 旧金山红树林国家森林公园中的标志景点

脉，因此选择由旧金山向南驶往洛杉矶，贴近碧波万顷的太平洋驾驶，比由南向北行驶可欣赏到的风景更直接（无论是由北向南还是由南向北行驶，都能欣赏到绚丽的海岸风景，但是由北向南的话，很多美景无需下车就能一览无余）。

加州 1 号公路将美国历史名城旧金山和洛杉矶连接在一起，更将公路沿途散落的蒙特利、17 哩海岸线、卡梅尔、大苏尔、丹麦村、赫氏古堡、圣芭芭拉等小镇和著名景点串联在一起。

❖ 旧金山红树林国家森林公园

美国旧金山红树林国家森林公园距旧金山市区不到 40 千米，是加利福尼亚州原始森林的一部分，这里的红树林可追溯到几千年以前，面积约 15 平方千米。

旧金山红树林国家森林公园南段的莱格特，被认为是加州 1 号公路北部的起点。

最受美国人欢迎的城市：旧金山市

旧金山位于美国加利福尼亚州西部，是一个太平洋沿岸的港口城市，它三面环水，环境优美，是加州人口第四大城市和旧金山湾区长久以来的文化、财经和都市中心，被誉为"最受美国人欢迎的城市"。

旧金山是一个度假天堂，人文、自然景观，餐馆佳肴等应有尽有，还有特色鲜明的意大利人、中国人、西班牙人、日本人和南亚人等的聚居区点缀在这块土地上。

❖ 马里布

马里布于1991年建立，历史上它是印第安丘马什部落的领地，Malibu在印第安语中的意思是"响声轰鸣的海滩"。马里布海滩是洛杉矶最负盛名的几个海滩之一，位于圣塔莫妮卡海滩以北，也是加州1号公路必游景点。它之所以出名，一是因为它除了拥有南加州典型的碧海蓝天外，还拥有形态各异、千奇百怪的岩石，海滩风光美丽而独特；二是因为马里布是洛杉矶最富裕的几个城市之一，很多好莱坞明星和演艺界人士居住于此，无形中为这里的海滩增加了知名度。

> 旧金山原名耶瓦布埃纳，又名圣弗朗西斯科，华侨称为三藩市，是1847年墨西哥人以西班牙语命名的。
> 19世纪，旧金山是美国淘金热的中心地区，早期华人劳工移居美国后多居住于此，称为"金山"，在澳大利亚的墨尔本发现金矿后，为了与被称作"新金山"的墨尔本区别，改称"金山"为"旧金山"。

❖ 斯坦福大学

斯坦福大学并不坐落于加州1号公路边上，但因为离加州1号公路不远，很多自驾的游客都会选择转个弯，去看看斯坦福大学。

旧金山融合了现代与古典的精致街道、遍布街头的维多利亚式建筑和罗马式艺术宫，每一样都能秒杀你的镜头，它仿佛是画家手中的调色盘，在慵懒与不经意之间成就了美国最多姿多彩的创意之城。加州1号公路便是以这座城市为起点。

世界著名大桥：金门大桥

进入旧金山湾时，首先映入眼帘的就是一座恢宏的朱红色大桥——金门大桥。

金门大桥跨越了旧金山湾和金门海峡，北端连接北加利福尼亚，南端连接旧金山半岛，是世界著名大桥之一，不仅被誉为20世纪桥梁工程的一项奇迹，也被认为是旧金山的象征。

金门大桥于1933年动工，1937年5月竣工，用了4年的时间和10万多吨钢材，耗资达3550万美元。整座大桥全长2780米，主桥全长1967.3米，造型宏伟壮观、朴素无华。桥身呈朱红色，横卧于碧海白浪之上，华灯初放，如巨龙凌空，使旧金山市的夜景更加壮丽。

与世隔绝的恶魔岛

沿着金门大桥缓缓向西，就是旧金山湾海域众多岛屿中最有名的一座——恶魔岛，它被海水包围着，与世隔绝。

旧金山湾区被陆地环绕，形成长97千米、宽5~19千米的海湾——旧金山湾，整个海湾由没入海水中的河谷形成，海湾非常大，但是与大海连接的口子很小，经金门海峡与太平洋相通，整个海湾就像一个大口袋，是世界上最佳天然港湾之一。

❖ 旧金山的唐人街

旧金山的唐人街是美国西部唯一一个可与纽约的唐人街相比的地方，这里有8万余名华侨居住。在唐人街内，所能见到的招牌都是用中文写的，唐人街内有"中华门"牌坊等，这是一个让华人非常有熟悉感的地方。

唐人街依然保留着过农历中国新年的传统。每当过年，唐人街上就会搭起粤剧戏台，商铺也开始兜售各种年货，如福字、春联等。街边是烧腊店、杂货铺和层层霓虹，邻里间大声唠着家常，温馨淳朴。

美国旧金山艺术宫原建于1915年，本是为了巴拿马"太平洋万国博览会"所盖，当时曾吸引了1800万名游客参观，但在会后就被废弃。如今，艺术宫已成为旧金山人常去的休闲地。

❖ 美国旧金山艺术宫

❖ 《猩球崛起》剧照中的金门大桥

金门大桥的巨大桥塔高 227 米，每根钢索重 6412 吨，由 27 000 根钢丝绞成。1933 年 1 月始建，1937 年 5 月建成通车。

金门大桥是世界上最漂亮的大桥结构之一。它如今已不是世界上最长的悬索桥，但它却是最著名的。

贝克海滩在金门大桥下不远处，该海滩的知名度在全球闻名，因为它是一个著名的天体海滩。由于角度问题，从贝克海滩观看金门大桥，显得没有那么雄伟壮观，反而多了一种孤寂美。

《勇闯夺命岛》这部监狱题材的好莱坞动作惊险电影，其素材的来源就是极富传奇色彩的恶魔岛监狱。电影热播后，这里被世人知道。

恶魔岛位于旧金山湾出口处的金门海峡附近，原名鹈鹕岛，面积 0.0763 平方千米，四面都是峭壁和深水，对外交通

约瑟夫·斯特劳斯是金门大桥的首席工程师，被封为"金门大桥之父"，享有"20世纪最伟大工程师"之一的荣誉。金门大桥尾端有一座雕像，是 1938 年他逝世后为纪念他而竖立的。

1579 年英国探险家弗朗西斯·德雷克发现了这个连接太平洋和旧金山湾的海峡，尽管金门这个名字在 1849 年的淘金潮以前就已使用，但淘金潮使金门（进入北加利福尼亚的入口）成了加利福尼亚不可缺少的神秘魅力的一部分。

❖ 九曲花街限速"不得超过 5 英里（约 8 千米）"

九曲花街又名伦巴底街，是旧金山知名景点，也是加州 1 号公路上的一处知名景点，它是世界上最弯曲的街道，很短的街区内有 8 个急转弯，40 度的斜坡加上弯曲如"Z"字形的道路，十分考验驾驶技术。为了防止发生交通事故，特意修建了花坛，车行至此，时速不得超过 5 英里。

不易，美国政府曾在此设立恶魔岛监狱，关押过美国历史上几乎所有臭名昭著的重刑犯。

1963年，恶魔岛监狱被废止，如今这里成为旧金山湾的著名观光景点。无数游客登上这座曾经与世隔绝的小岛，在锈迹斑斑的牢房里搜寻那些罪恶与救赎的故事。

吃货的天堂——渔人码头

继续沿着加州1号公路朝西前行，就是旧金山著名旅游景点——渔人码头，它与恶魔岛隔水相望。

渔人码头的交通非常方便，除了自驾外，从旧金山很多地方都可以直接搭乘公共交通工具到达，渔人码头广场上有一块巨大的"大螃蟹"广告牌，上面有"Fishermans Wharf"几个大字。渔人码头大致包括从旧金山北部水域哥拉德利广场到35号码头一带，整个码头地区有许多商场、购物中心、饭店、小吃店、烧烤店、酒吧、咖啡店等，热闹非凡，在码头上空飘扬着各种美味混杂的味道，使"吃货"们流连忘返。

> 旧金山这个曾经充满黄金味道的地区美景众多，一直是好莱坞大片的宠儿，如《末日崩塌》《猩球崛起》《毒液》《蚁人2》《教父》等，都曾在旧金山大量取景，如壮观的金门大桥、神秘而隔世的恶魔岛、热闹喧嚣的渔人码头等，每一处美景都是旧金山的一张特殊名片，吸引着全世界的游客来此观光。

> 恶魔岛虽然有阴森的历史，但是它也是一个野生动物的庇护所，许多鸟在此栖息，对游人来说，不失为散心沉思的好去处。

❖ 硅谷的谷歌总部大楼门前的安卓小人

在旧金山，除了金门大桥、九曲花街、渔人码头、恶魔岛之外，还可以逛一逛硅谷。

硅谷的谷歌总部无处不体现出科技感，作为加州1号公路自驾前的热身游，值得来转一转（如果时间不允许，此处景点可以忽略）。

❖ 阿尔·卡邦

著名的黑帮系列电影《教父》就是以关押于恶魔岛的臭名昭著的黑手党教父阿尔·卡邦为原型进行改编的。素有"疤面人"之称的黑手党教父阿尔·卡邦不仅是20世纪20—30年代最有影响力的黑手党领导人，也是恶魔岛监狱里的风云人物。

渔人码头品尝海鲜的最佳时节是每年 11 月到次年 6 月。

除此之外,渔人码头周边还有博物馆、唐人街、九曲花街等热门景点。

加州历史最悠久的城市:蒙特利

沿着加州 1 号公路向南,驾车两个多小时,便可到达闻名世界的旅游度假胜地蒙特利。

蒙特利是一座依海湾而建的老城。1542 年,葡萄牙航海家胡安·罗德里格斯·卡布里略在新西班牙总督安东尼奥·德·门多萨的资助下,率探险船队第一次踏上了美国西海岸的土地,并先后发现了美国加利福尼亚州(原属墨西哥)的大部分海岸,其中就包括蒙特利湾及蒙特利半岛等。1602 年,这里以墨西哥总督蒙特利公爵之名命名,

❖ 渔人码头的圆形广告牌
渔人码头的标志是一个画有大螃蟹的圆形广告牌,找到了"大螃蟹",就到了渔人码头,也就到了旧金山品尝海鲜的首选地点。
渔人码头是"吃货"的天堂,在渔人码头可以享受附近沿海盛产的鲜美螃蟹、虾、鲍鱼、海胆、鲑鱼、鲭鱼和鳕鱼等海产。

并成为西班牙和墨西哥时代加州最早期的首府,也是加州历史最悠久的城市。

由于得天独厚的海滨风光、拥有美国小镇特有的迷人风情和浓厚的文化气息,如今蒙特利已成为加州著名的休闲旅游胜地,美国著名的 17 哩路风景线就始于此。

最美丽的 17 哩路

17 哩路是蒙特利湾的一段公路,它是加州 1 号公路上最著名的一段公路,也是一条不可错过的景观公路,因全长 17 哩而得名。

17 哩路沿途可欣赏蒙特利湾众多的细白沙滩、悬崖峭壁、嶙峋石滩、幽深的树林等,只要是风景美丽的地方,路边总会多出一块平台,可供游人停车,慢慢欣赏、拍照,不会因为错过美丽的风景而遗憾。

行驶在 17 哩路上,欣赏着蒙特利湾美丽的海岸、大片的鹅卵石滩和幽静的海滩,好像来到了与世隔绝的世外桃源,让人沉醉于广阔的海天怀抱之中。

❖ 蒙特利湾美景

❖ 旧金山湾的彩色盐池

旧金山湾的彩色盐池是世界上最令人惊异的人造奇观之一。彩色盐池位于旧金山湾畔,是美国一家公司的盐池,由于晒盐的过程中,盐田中的水分蒸发,形成不同浓度的盐池,盐池中的微生物数量改变后,使整个盐田每一块盐池的颜色都各不相同。

只要乘坐飞机从旧金山湾上空经过,就可以俯瞰到湾畔大片的色彩绚丽的盐池,十分壮观震撼。

盐池的颜色是盐度和微生物种类的指示器。影响盐池颜色的微生物主要有 3 种,分别是聚球藻、盐杆菌和杜氏藻。

胡安·罗德里格斯·卡布里略出生于葡萄牙,葡萄牙探险家、殖民官员,早年参加西班牙海军。曾代表西班牙先后发现了加利福尼亚州(原属墨西哥)的大部分海岸,圣迭戈湾、圣巴巴拉海峡及其附近的圣托马斯、圣米格尔、圣克鲁斯和圣贝尔纳多岛(卡布里略岛)、蒙特利湾;北至德雷克湾,但错过了旧金山湾的金门。

❖ 17哩路路标

17哩路是全美9条收费的私有道路之一,也是密西西比河以西唯一一条收费的私有道路。

蒙特利渔人码头是加州历史上第一座渔人码头,与其他地方喧嚣嘈杂的渔人码头相比,这里似乎更加闲适淡然。

17哩路著名的景点——孤独的柏树,这棵柏树已经在礁石上屹立250多年了。

❖ 孤独的柏树

卡梅尔小镇

17哩路沿途美景不断,在穿越原石滩和树林后,17哩路结束于卡梅尔小镇北约2里处。

卡梅尔小镇建于20世纪初期,是一个精致的海滨文艺小镇,充满了波西米亚风情。小镇的历史虽还不到百年,但是在美国西海岸众所周知,是西海岸著名的旅游观光景点。

卡梅尔小镇有许多奇特的建筑物和美得如童话世界般的景色,使之成为许多个性鲜明的艺术家、诗人和作家的居住地,如我国著名国画大师张大千1969年曾居住在此,并称其居所为"可以居"。

大苏尔风景区

从卡梅尔小镇继续沿着加州1号公路往南走,穿过大约145千米长的盘山海岸公路,便可以到达有名的大苏尔风景区,伴随着蒙特利湾的海岸线,右边是浩瀚广阔的太平洋,左边是蜿蜒的山峦。沿途几乎不见人烟,只有海浪拍打岩石激起的白

色浪花，海鸥一排排地掠过海面，秃鹫在山峦处盘旋、嚎叫，这一幕尽显原始自然之美，令人叹为观止。

大苏尔风景区曾被美国《国家地理》杂志评为"人生必去的 50 个地方"，这里最值得推荐的景点有比克斯比河大桥和紫色沙滩等。

奢华无比的赫斯特城堡

由大苏尔风景区途经比克斯比河大桥，沿着加州 1 号公路继续向南，经海岸线千回百转，到达一座地中海式双塔城堡的脚下，这座古堡是加州最豪华的城堡——赫斯特城堡，它延续了西班牙式建筑风格。

蒙特利湾沿岸，尤其是 17 哩路沿线，有许多富人们的别墅、庭院、高档住宅、草地以及高尔夫球场等。

❖ **17 哩路美景**

17 哩路沿海的一处海滩上有由很多石头堆成的石堆。

卡梅尔 90% 的早期居民是专业艺术家，其中著名作家兼演员 Perry Newberry 和著名演员兼导演 Clint Eastwood 都先后出任过卡梅尔的市长。

卡梅尔小镇并不大，被称为艺术小镇，整个小镇遍布特色各异的工艺品店、画馆、风格不同的餐厅、咖啡馆和小旅店等。

卡梅尔如今仍禁止张贴广告、装霓虹灯和盖快餐店，以便维持原貌。

❖ **卡梅尔海滩**

❖ 紫色沙滩（大苏尔"彩虹桥"）

紫色沙滩又名菲弗尔沙滩，位于蒙特利湾大苏尔风景区，也是加州1号公路上必游景点之一，这是世界上唯一的神秘紫色海滩。它是因海水不断冲刷海岸上有紫色矿物质的山脉，逐渐剥落岩体，紫色矿物质沉积在沙滩上，久而久之形成的。海滩上还有一个很美丽的自然岩体（大苏尔"彩虹桥"），岩石中间还有一个岩洞，当阳光透过岩洞时，射出的光芒使人感到非常神奇。

❖ 赫斯特城堡

❖ 比克斯比河大桥

比克斯比河大桥是一座开放式单拱桥，坐落在蒙特利湾，是美国西海岸出镜率最高的桥梁，跨度约100米，是加州公路系统中最长的混凝土拱桥，大桥开通于1932年，算不上有多么美，是加州1号公路的标志性建筑，因为它位于风景秀丽的大苏尔风景区，游客一般都会来这儿打卡。

❖ 赫斯特城堡上的浮雕

赫斯特城堡由美国 20 世纪初的报业大王威廉·伦道夫·赫斯特于 1919 年始建，耗资 1.65 亿美元，耗时 28 年才完工。古堡极尽奢华，像一座宫殿，内部藏有赫斯特毕生的收藏品，有家具、挂毯、绘画、雕塑、壁炉、天花板、楼梯，甚至连地板都是价值连城的艺术珍品。

色彩斑斓的丹麦小镇

自赫斯特城堡沿着加州 1 号公路一直向南，经过两个多小时就可以抵达加州最美丽的小镇之一——丹麦小镇。

丹麦小镇的原名为索尔文，在丹麦语中是"阳光下的田野"的意思，小镇最早由丹麦人按照北欧风格精心打造，如今小镇的居民大部分都是丹麦人的后裔。

丹麦小镇是在加州 1 号公路自驾时沿途必游的小镇，也是很多美国人节假日自驾度假的目的地，小镇的街道并不宽敞，但井然有序，有充满北欧风情的教堂、风车、店铺和其他色彩斑斓的丹麦风情建筑，甚至还有《安徒生童话》中的小美人鱼像。

❖ 丹麦小镇上的安徒生雕像

1960 年，丹麦的玛格丽特公主造访了索尔文。1976 年，又以丹麦女王玛格利特二世的身份再访此地。2011 年，索尔文建镇 100 周年，6 月 13 日女王的丈夫亨里克亲王殿下再访小镇。

❖ 丹麦小镇的标志——风车

早在 1911 年,近 10 名丹麦移民买下了加州的这块风水宝地,建立起丹麦特色的乡村、民居、学校。经过近百年的精心打造,丹麦小镇已拥有 200 多家商店,以及各式各样颇具特色的手工艺品店和糕饼店。

圣芭芭拉小镇中没有广告标志,在约 32 千米之内没有主要高速公路穿过城镇;另外,有严格的法令规定商业标示,甚至不允许使用过大的字体等。

❖ 圣芭芭拉小镇的山间小径

圣芭芭拉

圣芭芭拉位于丹麦小镇南方 55 千米处,沿着加州 1 号公路向南仅需大约 40 分钟车程。

如果说丹麦小镇是北欧风格的小镇,那么圣芭芭拉则是一座西班牙风情小镇,被评为"全美最适合养老的地方"。

圣芭芭拉是一个海边小镇,18 世纪时西班牙人曾在此建造要塞。如今,这里遗留了许多西班牙殖民时代的建筑,小镇到处都是白壁红瓦,满眼都是欧洲特有的建筑配色,使人仿佛并不是在美国的加州,而是置身于欧洲小镇一般,充满惬意和慵懒的气息。

圣芭芭拉的气候温和、空气清新、沙滩绵软、海水碧清、花木葱茏,生活环境、社会治安良好,被评为"美国西部十个最安全的居住区"之一。

圣芭芭拉自 20 世纪中期就是好莱坞明星及上流人士最喜爱的居所,也是全美地价最贵的地区之一。

圣芭芭拉不仅在美国富翁的十大理想居住地排名中居第 4 名,还跻身《福布斯》评选出的"十大餐厅城市"之列。

圣芭芭拉教堂是美国加州的十大教堂之一,也是圣芭芭拉的瑰宝之一。它是一座历史悠久的西班牙式建筑,是圣芭芭拉的地标性建筑。

❖ 圣芭芭拉教堂

❖ 圣莫尼卡海滩

洛杉矶是加州 1 号公路的最后一站，位于美国加利福尼亚州西南部，濒临浩瀚的太平洋东侧的圣佩德罗湾和圣莫尼卡湾沿岸，背靠莽莽的圣安东尼奥山，坐落在三面环山、一面临海的开阔盆地中。洛杉矶的面积约为 1291 平方千米，是加州第一大城市（人口及土地面积），常被称为"天使之城"。

圣莫尼卡海滩标志性的摩天轮和老码头吸引了众多度假游客，海滩上的人群络绎不绝，无比热闹与喧嚣，同时也吸引了众多好莱坞导演，大量的电影及偶像剧都将它作为重要的取景地。

圣莫尼卡海滩

从圣芭芭拉小镇出发，沿着加州 1 号公路继续向南行驶 138 千米，即是这条公路的最后一站——圣莫尼卡海滩。

圣莫尼卡海滩位于洛杉矶以西的太平洋沿岸，海滩长 5 千米，交通便利，是洛杉矶地区最有名、最吸引游人的海滩之一。

圣莫尼卡海滩最大的特点是蓝天白云、碧海银滩、环境宜人、空气清新，非常适合晒阳光浴和下海游泳、冲浪。圣莫尼卡海滩最有名的景点就是一个高高地架设在海面之上的码头，这是一个古老的码头，最早建于 1908 年，是圣莫尼卡的象征，在老码头边是太平洋游乐园，有很多美国的电影和电视剧都曾在这里进行拍摄，如《泰坦尼克号》里杰克要带露丝坐的摩天轮就在太平洋游乐园中醒目的位置高高耸立着。

❖ 太平洋游乐园

这个摩天轮也是韩剧《继承者们》的外景拍摄地之一。

❖《泰坦尼克号》中的摩天轮

在太平洋游乐园和码头旁还设有野餐区、餐厅、咖啡店等,其中还有以《阿甘正传》为主题的阿甘虾餐厅。周边还有健身设施、自行车道和木栈道等,是当地人休闲的好去处。

此外,圣莫尼卡海滩还是美国文化的代表之一——"美国66号公路"的尽头,也是美国西端的尽头,吸引着世界各地的人们前来探寻历史。

圣莫尼卡海滩周围花草丛生，白鸽遍地，一派和谐景象，无论是在海滩或码头上慢慢散步、骑行还是玩耍，都能享受到悠闲又富有诗意的生活。加州1号公路、美国66号公路、老码头更赋予圣莫尼卡海滩独有的气质。

❖ 圣莫尼卡海滩随处可看到美国66号公路的介绍和标志

美国66号公路被美国人亲切地称作"母亲之路"。呈对角线的美国66号公路，从伊利诺伊州的芝加哥一路横穿到达洛杉矶的圣莫尼卡海滩。

❖ 美国66号公路终点牌

美国66号公路终点牌是圣莫尼卡海滩比较热门的打卡点，经常会看到很多人在此排队，等待拍照。这里也是加州1号公路自驾者最爱打卡的地方之一。

美国66号公路是美国文化的代表之一，它的传奇色彩不仅因为它曾是贯穿美国东西的交通大动脉，还因为它承载了无数人的美国梦，在美国人开拓西部的历史上起到了至关重要的作用，而美国66号公路的尽头圣莫尼卡海滩，即是美国西端的尽头。如今美国66号公路已经被洲际高速公路取代，但是它作为美国不可取代的文化符号的地位不曾改变。在圣莫尼卡海滩随处可看到美国66号公路的介绍和标志，吸引着世界各地的人们前来探寻历史。

卡博特之路

享受北美东部的美丽风光

卡博特之路沿途遍布海岸、悬崖、高山、河谷，一路上全是美不胜收的风景，它是票选出来的"加拿大七大奇景"之一，也是北美东部最美丽的旅游路线之一。

卡博特之路是加拿大著名的旅游路线，位于新斯科舍省，公路由西南向东北斜穿布雷顿角岛，全长294千米。

纯自驾之路

卡博特之路的中心点是布雷顿角高地国家公园，东部和西部是沿着公园的崎岖海岸线，南部途经布拉多尔湖和马加里河谷。整条公路周围密布着浓密的树林、陡峭的悬崖峭壁、苔原、沼泽地和纵横的溪流，一片生机盎然。

卡博特之路沿线有凯尔特人和阿卡迪亚人的村落，它们各具独特的民俗风情，这些村落隐于树林之中，如同一幅美轮美奂的山水画。整条公路非常安静，一眼望去没有人和车辆，只有山间的森林和天边的白云。

❖ 卡博特之路

❖ 布雷顿角高地国家公园

❖ **色彩艳丽的卡博特之路**

一些苏格兰人于 1800 年移民到布雷顿角岛，至今岛上仍保留着许多苏格兰风俗习惯。

卡博特之路处处是美景，处处可以拍出绝美的照片，但是沿途少有名胜古迹，也少有繁华城镇。这是一条享受纯粹自驾乐趣的公路，尤其是每年 10 月起，树叶开始枯黄，这里被各种颜色渲染，有火红色、橘黄色、深红色、金色，高空的秃鹰和不远处的驼鹿悠然自得。这时候，每个在这条公路上自驾的人都会沉醉在被枫叶、桦叶、橡叶和花楸染成的金红色的高地美景中。

❖ **贝尔正在试验电话**

卡博特之路沿途的巴德克是贝尔（1847—1922 年）博物馆所在地，该博物馆位于布拉多尔湖边，四周青山绿水，风景独好。这里曾经是贝尔晚年生活和工作的地方，里面展示着贝尔发明的实物，除了有贝尔发明的电话之外，还有很多贝尔其他的发明和设计，如贝尔发明的当时保持每小时 112 千米速度的水翼船等（关于电话的发明者尚存在争议，美国认为是意大利人安东尼奥·梅乌奇为电话的发明者，而加拿大则认为贝尔是电话的发明者）。贝尔博物馆是加拿大国家历史遗迹，也是卡博特之路上不多的历史景点之一。

布雷顿角岛

布雷顿角岛是北美洲大西洋上的岛屿，位于加拿大新斯科舍省东部，以狭窄的坎索海峡与大陆分开，全岛面积约为1万平方千米，海岸线曲折，大部分地区是森林、丘陵，北部为布雷顿角高地，最高处海拔532米；东部是钢铁工业中心的工业区城市悉尼（新斯科舍省的悉尼）；西部则是种植各种谷物和畜牧业发达的农业畜牧地区；岛中部有布拉多尔湖，几乎将岛屿一分为二。

自1955年跨越坎索海峡的大堤竣工后，布雷顿角岛与大陆连通，成为横贯加拿大公路和加拿大国家铁路的东端终点站。同时，源源不断的游客来到这座风景秀美的岛屿旅游。

❖ 布雷顿角岛有许多龙虾餐馆

在布雷顿角岛只能看到一群群小鲸和海豚，很少能看到大鲸。

澳大利亚的悉尼很有名，是该国最大的城市，举办过奥运会。一般常提到的悉尼都是指澳大利亚的悉尼，而本文中提到的悉尼则是指加拿大新斯科舍省布雷顿角岛上的港口城市，它是新斯科舍省第三大城市，曾被称为"钢铁之城"，是加拿大工业革命的发源地。此外，在加拿大不列颠哥伦比亚省还有一个港口小镇叫悉尼。

布雷顿角岛有数十条徒步路线，长度、地点和难度各不相同。

❖ 布雷顿角岛上的徒步观景步道

布雷顿角岛的旅游资源很丰富，除了布拉多尔湖畔、布雷顿角高地国家公园外，还有路易斯堡国家历史公园和建于18世纪的法国要塞遗址等。此外，该岛屿所在海域还有许多观鲸点，其中卡博特之路沿途就有观鲸船始发站。

❖ 由天际线步道远望卡博特之路

在布雷顿角岛的天际线步道徒步时，远望卡博特之路，它如同丝带一般缠绕在山峦峭壁之间。每当秋天落叶季开始，卡博特之路沿途的色彩达到极盛，这时也是最佳的自驾时间。

❖ 法国要塞遗址

海天公路

让人震撼一生的公路美景

海天公路是一条沿太平洋豪湾的险峻峡湾曲折而行的公路，沿途风景秀美，有陡峭的岩壁、瀑布、湖泊、高山森林、冰川和被冰雪覆盖的海岸山脉等，每一处景色都值得自驾者驻车欣赏。

❖ 海天公路

> 温哥华的电影制片业发达，是北美洲继洛杉矶、纽约之后的第三大制片中心，素有"北方好莱坞"之称。

> 温哥华的鱼类丰富，海鲜很有名，如烤旗鱼；中国人熟知的大马哈鱼，即温哥华人口中的鲑鱼，当地人特别钟爱，当地很多餐馆内都有关于鲑鱼的菜品，煮、烧、煎、炸等烹饪方式丰富；温哥华生蚝，其种类多达20余种，每一种口味都无可挑剔，是在温哥华不可错过的美食之一。

海天公路沿着太平洋豪湾蜿蜒而行，一边是悬崖和海岸线，一边是崇山峻岭，几乎每时每刻都有让人心动的风景。

加拿大 99 号公路最精华的部分

加拿大 99 号公路非常有名，其全长 400 余千米，沿途有数以万计的奇观美景，汇聚了加拿大最美丽的风景元素：湖泊、雪山、森林、瀑布、海湾、峡谷等，是旅游自驾圈和摄影圈中最被追捧的一条公路。加拿大 99 号公路最精华的部分则是被称为"海天公路"的这一段，它在 2006 年被英国《卫报》选为"全球第五佳陆路旅程"。

海天公路南起加拿大旅游都市温哥华西端灯塔公园和白崖公园附近，再由马蹄湾向北，沿着风光艳丽的太平洋豪湾的海岸线前行，途经香浓瀑布、滑雪胜地惠斯勒，止于彭伯顿山谷以东的达菲湖路，全程 200 千米左右。其中，温哥华至惠斯勒的这段 120 多千米长的公路山水连天，风光无限，海天公路也因此而得名。

温哥华：世界著名的旅游胜地

温哥华是加拿大卑诗省低陆平原地区的一个沿岸城市，也是加拿大的第三大城市和加拿大西部第一大城市。温哥华南部即是美国西北部的第一大城市西雅图。温哥华东北部有纵贯北美大陆的落基山脉作屏障，终年气候温和、湿润，环境宜人。

温哥华绿树成荫，风景如画，是一个繁华的绿色住宅城市，连续多年被评为世界上最适合人类居住的城市，是世界著名的旅游胜地。

温哥华已有200多年的历史。1792年，英国探险家乔治·温哥华来到这里，并在航海地图上标注了一个叫作阿金森点的海岬。

温哥华气候湿润凉爽。6月底，这里晴天最高温度不过22~23℃，遇到雨天时最高温度降到十几摄氏度，比较冷，需要带一些长袖衣服。晴天时虽然气温不高，但太阳辐射却很强，需要准备好各种防晒用品，如遮阳伞、防晒衣、帽子、墨镜，以及防晒霜。

乔治·温哥华（1757—1798年），英国皇家海军军官，因对北美洲太平洋海岸（即现时加拿大卑诗省和美国华盛顿、俄勒冈及阿拉斯加州对出海岸）的勘测活动而出名。为了纪念他的功绩，北美洲太平洋西北地区多处地方以其名命名，包括温哥华岛和两个温哥华市（一个位于加拿大卑诗省，另一个则位于美国华盛顿州）等。

❖ 乔治·温哥华雕像

北美洲印第安人部落的房屋前常会安置图腾柱。

❖ 海天公路沿线有很多这样的图腾柱

❖ 灯塔公园中的灯塔

灯塔公园是一个兼有历史古迹和自然风光的区域公园，占地75公顷，公园内遍布原始森林，有当地的道格拉斯冷杉、西部铁杉和红桧等，大多有近500年的树龄，古树之下纵横交错着长达13千米的徒步小径。

狮门大桥是加拿大卑诗省内的一座悬索吊桥，连接温哥华市中心及北岸市镇（北温市，北温区和西温区）。狮门大桥不仅是大温地区内的一条重要交通动脉，也是温哥华的主要地标之一。从温哥华过了狮门大桥向西便是加拿大99号公路海天公路段。

❖ 温哥华狮门大桥

灯塔公园

温哥华被发现后一直未受到欧洲人的重视，直到19世纪才开始有欧洲人在阿金森点东部建造村庄，并将此地命名为温哥华。1874年，移居此地的欧洲人在阿金森点建造了一座灯塔，这座灯塔是加拿大西岸最古老的灯塔之一（1912年重建），如今，这里成为温哥华的灯塔公园，它便是海天公路的起点。

温哥华西灯塔立于海岸山脉的最边缘，岸边的古老花岗岩有9600万~18 700万年的历史。该灯塔周围植被丰富，植被间有步道通往幽深的森林，登上灯塔可以眺望大海、繁华的温哥华市中心、温哥华狮门大桥和蜿蜒如蛇的海天公路。

白崖公园

白崖公园又称为怀特悬崖公园，位于灯塔公园西北端，是海天公路起点周边的一个景色极佳的公园。

白崖公园三面环水，最有名的景点就是一处高出海面的悬崖，悬崖下是平缓的鹅卵石滩，石滩外有一座孤岛，每当退潮或低潮时，鹅卵石滩就和小岛相连，小岛上有石阶，很方便游人攀爬上小岛观景。

白崖公园内拥有遮天蔽日的百岁大树和清新的草地，以及错落分布在公园内的野餐桌椅，很适合家庭、情侣、朋友来此烧烤、野餐、聚会等。

❖ 白崖公园石滩外的孤岛

白崖公园不仅是聚会赏景的地方，还是一个潜水者喜爱的地方，这里有人工沉船和珊瑚礁，供养了数百种海洋生物，有章鱼、菱鳕和海星等。如果运气好，在白崖公园的石滩上还能看到海狮。不想潜水的话，也可漫步于岩石海滩或在海水中漫泡片刻。

❖ 白崖公园美景

马蹄湾

马蹄湾紧邻海天公路，是一个很小的海港，像一个童话小镇，小镇码头上停满了各式船只，是一个被水上运动者追捧的海湾。马蹄湾还是加拿大第一海洋动物保护区，在海湾沿线拥有非常原生态的海滩，整个海域到处是海带、海瓜子、海蛇，偶尔还能发现海狮从眼前游过。

❖ 马蹄湾内停靠着的大型游轮

BC ferry 是一个跨海到维多利亚的汽车轮渡，它们在如此小的马蹄湾也有业务办事点。

香浓瀑布是以19世纪晚期在此地定居的砖头制造商威廉·香浓的名字命名的。

❖ 香浓瀑布

马蹄湾是一个安静的海港，环境优美，适合家庭、好友周末聚会，以及在此稍作调整后进行海天公路自驾。

香浓瀑布：卑诗省第三高的瀑布

从马蹄湾沿海天公路蜿蜒向北行驶半小时，一路上一边是波澜壮阔的太平洋豪湾，一边是巍峨雄壮的高山，风光旖旎，让人心潮澎湃！

在太平洋豪湾北部城镇斯阔米什南2千米左右处就是加拿大卑诗省第三高的瀑布——香浓瀑布。

香浓瀑布相对于海天公路的落差达到335米，瀑布飞流而下，翻过一座座花岗岩峭壁，直接坠入豪湾，非常壮观。

在距离香浓瀑布一两百米的地方就有停车场、房车营地和斯阔米什海天缆车等，非常适合驻车游玩、赏景和拍照。

斯阔米什海天缆车

在香浓瀑布不远处，徒步用不了几分钟，就可以到达斯阔米什海天缆车的山脚处。

斯阔米什海天缆车全程仅需10分钟，随着缆车徐徐上升，可欣赏豪湾的全景，远处的钻石山、酋长岩仿佛近在眼前。缆车终点的山顶处有可供休息的山庄和观景平台。

如果在冬天，斯阔米什海天缆车风景区会被白雪覆盖，这里就变成了绝美的滑雪、玩雪的场地，届时在景区内不仅可以乘坐缆车观看雪景，还有多条不同雪鞋健行线路和儿童们喜爱的雪上飞碟场地对游客开放。

除了香浓瀑布外，在斯阔米什海天缆车周边还有许多著名景点，比如：布里塔尼亚矿洞遗址，在此可以乘坐采矿小火车进入矿山内部，感受一把淘金的瘾；西海岸铁路遗址公园，这里展出了许多历史悠久的有轨电车，其中最有名的是世界上最后一辆著名的"皇家哈德逊"号蒸汽火车；加拿大卑诗省很有名的豪湾酒厂餐厅，这里可以喝到用天然山泉水精酿的啤酒。

斯阔米什

斯阔米什是加拿大卑诗省的一座城镇，坐落于豪湾北部，其历史可以追溯至1910年，很多人以为它只是一个很小的村落，实际上它仅城区面

❖ **香浓瀑布不远处的吊桥**
离香浓瀑布不远处有一座吊桥，是欣赏和拍摄香浓瀑布的最佳视角，通过这座吊桥便可以去往斯阔米什海天缆车山顶的观景平台。

❖ **斯阔米什海天缆车山顶的观景平台**
如果天气好，站在斯阔米什海天缆车山顶的观景平台上，可以欣赏到豪湾的全景，如果有云雾遮挡，则可能是遮天蔽日，使人仿佛立于云端。

积就有 105 平方千米，接近温哥华市的大小，在整个卑诗省都算是不小的城市。

斯阔米什的自然环境非常出色，虽然它的名气不及温哥华和惠斯勒那么大，不过，它不像前两者那样过于商业化，斯阔米什依旧保留着纯天然、质朴的气息，可谓完美的隐居地。

斯阔米什有名的景点除了香浓瀑布、斯阔米什海天缆车、酋长岩、布里塔尼亚矿洞遗址外，还有爱丽丝湖、加里波第湖、波特湾等，一切都美得让人窒息。

❖ 西海岸铁路遗址公园
西海岸铁路遗址公园位于斯阔米什海天缆车周边，公园很小，但里面有不少好的铁路货车和火车头。它们曾经是加拿大铁路系统的一部分。园区内还设有包括原始铁路转车台的弧形车库，大楼内有火车科普知识介绍。对火车爱好者来说，这是一个好地方。

白兰地瀑布

从斯阔米什出发，沿着海天公路继续向北前行，沿途依旧是风光无限，经过大约 40 分钟的车程，便来到了惠斯勒市郊的白兰地瀑布所在地。

❖ 斯阔米什海天缆车山顶悬空数百米的观景平台

白兰地瀑布在加拿大非常有名，它离海天公路边的停车场大概1千米，需要徒步前往，景区内有许多天然的玄武岩石坡，这些石坡沿着玄武岩节理风化成整齐的石块，看上去像是人工铺设的石块路，是一处非常奇特的景观。

白兰地瀑布就在这些石坡路的尽头，它属于低山崖瀑布，游客可以站在瀑布山顶朝下俯瞰宏伟的瀑布，70米高的水幕倾泻而下，非常壮美。

惠斯勒

由白兰地瀑布开始，海天公路转向东北方向，大约再行驶11千米路程，就是加拿大有名的滑雪胜地惠斯勒。

惠斯勒又称威士拿，作为海天公路沿途最重要的一处游玩地，惠斯勒并非以风景吸引游客，而是以优质的滑雪场地而名闻天下。自20世纪90年代中期以来，惠斯勒一直被主要的滑雪杂志评选为"北美最佳的滑雪目的地"之一。

每年8月，斯阔米什还会举办闻名加拿大的"斯阔米什山谷音乐节"，许多美国著名歌手和乐队都曾参加。

斯阔米什夏季比较流行的游玩项目还有风筝滑水、风帆冲浪等，由于天气良好且风力可预测，这里成为加拿大西部顶级风筝滑水之地。

白兰地瀑布省立公园内有多条徒步道，是野餐、登山、徒步、骑山地自行车、雪地行走的热门之选。

❖ 白兰地瀑布

❖ **通往滑雪场的缆车**

从惠斯勒可以直接乘坐缆车抵达惠斯勒山和黑梳山，为了安全，每当冬季滑雪旺季，就会限制登山人数，山下缆车站前红色灯亮起的时候，说明山上已经满员了，需要等到红灯变成绿灯，缆车才会继续往山上送人。

惠斯勒是世界知名的冬季滑雪胜地，拥有两座雪山，分别是惠斯勒山和黑梳山。这两座雪山不仅是北美洲两大滑雪场，而且还是国际级的滑雪场地。惠斯勒山滑雪场曾是2010年温哥华冬季奥林匹克运动会的滑雪场地之一。惠斯勒作为世界知名的冬季滑雪胜地，每年接待的游客超过200万人次。

惠斯勒不仅是北美洲最大的滑雪度假村，也是拥有最大缆车运力的雪场。

每年的6—9月，惠斯勒就像是举行庆典一般，天天都有精彩的节目，街头艺人、小丑、乐师以及露天音乐会将游客的情绪带到最高潮。因此，这个季节也是海天公路最繁忙的时候，源源不断的自驾者会汇聚于此，享受自驾游后的最后疯狂。

黑梳山滑雪场占地约13.5平方千米，标高1609米，排名北美第一，这里的滑雪道较惠斯勒山的宽广，但多斜坡地，不适合初学者。因此，除了部分专业滑雪者和喜欢刺激的滑雪者外，大部分游客都会选择惠斯勒山作为滑雪目的地。

❖ **起司马铃薯**

彭伯顿山谷也被称为"马铃薯山谷",它拥有奇幻的冰川融水和比惠斯勒更温暖的气候,土地肥沃,因而,出产珍贵的马铃薯,而原住民创造了起司马铃薯这一奇妙的美食,作为一种地地道道的美洲小吃,20世纪90年代,传入我国台湾地区并风靡至今,而后传入我国其他省份。

惠斯勒不仅冬天热闹非凡,其他时间的旅游项目也很多,如湖泊钓鱼、爬山健行、骑单车、打高尔夫等传统的户外活动项目。不仅如此,黑梳山山顶终年积雪,甚至连夏天都可以滑雪滑冰。

大部分海天公路上的自驾者都会将惠斯勒作为最后一站。事实上,海天公路继续向东前行,止于彭伯顿山谷以东的达菲湖路,这段公路虽然并不沿海,但其沿途也拥有摄人心魄的雪山湖和山林瀑布,随时都能邂逅让人心动的美景。

❖ **2016年加拿大发行的鲑鱼彩色硬币**

鲑鱼不仅温哥华市的特产,也是加拿大的特产。因此,在海天公路沿途,几乎每一站都可以品尝到以鲑鱼为原材料的美食,还可以购买到熏鲑鱼的礼品装,方便游客带回家馈赠亲朋好友。

165

佛罗里达州跨海公路

全世界最美丽的跨海公路

美国的佛罗里达州跨海公路有"全世界最美丽的跨海公路"之称,公路两边都是汪洋大海,远处海天相接的地方浑然一体,没有过渡的痕迹,甚至连沿着公路"链桥""岛链"穿梭的车辆都与海天融为一体,给人一种完美的视觉享受。

❖ **佛罗里达州跨海公路**
佛罗里达州跨海公路是迈阿密一号公路和美国 1 号公路的最南端,公路上车不算多,路上蓝天、白云、大海、椰林相随,拥有近乎完美的自驾体验。

佛罗里达州跨海公路的起点是美国迈阿密南边的基拉戈岛,终点是最南端的基韦斯特市,全长 250 千米,途经 42 座桥、32 座小岛,被誉为全世界最酷的跨海公路和全世界最美丽的跨海公路。

基拉戈岛:全球潜水之都

从繁华的迈阿密向南开车 1 小时,随着沿途的高楼大厦逐渐消失,便到达了全球潜水之都——基拉戈岛。

基拉戈岛富有传奇色彩,美国 1 号公路从此开始被称为佛罗里达州跨海公路,该公路以西是宁静的佛罗里达海湾和原始的大沼泽地;以东有清澈见底的墨西哥湾流和全美唯一的活珊瑚礁,拥有适合浮潜者的浅水区和水肺潜水者的深水区。

基拉戈岛海域周边有许多有名的潜点:沉于水下 155.4 米的"施皮格尔-格鲁夫"登陆舰潜点,它是美国

佛罗里达州是美国东南部的一个州,位于东南海岸突出的半岛上。东濒大西洋,西临墨西哥湾,北与亚拉巴马州和佐治亚州接壤,它的面积约为 15.17 万平方千米,仅次于阿拉斯加州,居全美第二位,首府是塔拉哈西。"佛罗里达"源于西班牙语,意为"鲜花盛开的地方",它的别名是"阳光之州"。

早在 1938 年,佛罗里达州跨海公路就已经通车了。

可潜水水域最大的沉船;伫立水底 9 米深处,凝望着海面的"深渊基督",这是基拉戈岛的潜水打卡圣地;此外,基拉戈岛还有一处奇特的水下小屋——朱尔斯海底小屋,它是海底酒店的鼻祖,需要潜水才能入住。

基拉戈岛作为佛罗里达州跨海公路的起点,除了是一个潜水之都外,还是一个度假胜地,拥有美丽的海滩,可以冲浪、游泳、打沙滩排球、划皮划艇、坐游船等。

❖ "施皮格尔-格鲁夫"登陆舰潜点

在基拉戈岛可租船出海,追赶大马林鱼,或者追赶狡猾的北梭鱼和大海鲢。

❖ 朱尔斯海底小屋

朱尔斯海底小屋也叫基拉戈海底小屋,没于海水深处,距离水面约 9 米。外形类似巡洋舰的船舱,内部拥有两间舒适的卧室,一间公用厨房,一间餐厅,虽不奢华,但设施齐全:热水淋浴,带有冰箱及微波炉的厨房、电视、对讲机以及播放器等。需要戴上呼吸器,穿过热带鱼群后才能达到房间。所以,如果想要住到这座独一无二的海底旅馆里,必须会水肺潜水。进入小屋后,便可尽情地领略水下世界的美丽,小屋玻璃窗外有天使鱼、鹦嘴鱼、梭鱼以及其他珍贵的海洋生物悠然游弋。

❖ 明信片上的美国"深渊基督"

"深渊基督"位于基拉戈岛不远处的约翰·彭尼坎普珊瑚礁州立公园,是潜水者最爱和最热门的打卡点。"深海基督"是由青铜制造的,高约 2.5 米,重达 9 吨,1961 年,富豪 Egidi Cressi 请人设计制造并赠送给美国海底协会,1965 年 8 月 25 日被安置在公园海底之中。

❖ 伊斯拉莫拉达风景

沿途的主要小岛

佛罗里达州跨海公路沿途有众多小岛,除了起点的基拉戈岛和终点的基韦斯特之外,最值得推荐的是伊斯拉莫拉达和马拉松两座岛。

由基拉戈岛往南前行半小时左右就可以到达伊斯拉莫拉达,它是佛罗里达州跨海公路沿途几十座小岛中的一座,是世界上最佳的钓鱼场所之一。据统计,这里有 450 多种鱼类,每天都有钓鱼爱好者来此海钓。因此,伊斯拉莫拉达创下了许多捕鱼世界纪录。美国前总统老布什就曾在伊斯拉莫拉达主办过钓鱼比赛。

由伊斯拉莫拉达往南前行半小时,就可到达位于佛罗里达州跨海公路中段的马拉松岛,这座岛上最有名的景点是

❖ 伊斯拉莫拉达潜水博物馆内的潜水装备

伊斯拉莫拉达不仅拥有绝佳的钓场，还有一些不错的潜点。此外，伊斯拉莫拉达潜水博物馆更是潜水爱好者喜欢光顾的地方。

海豚研究中心，这里的海豚非常聪明，而且非常亲近人，适合亲子活动，更可以潜入水中与海豚亲密接触。从马拉松岛再往南即是鼎鼎有名的七英里大桥。

七英里大桥

七英里大桥是佛罗里达州跨海公路上42座跨海大桥中最长的一座，因全长约7英里（11.27千米）而得名。

> 七英里大桥的一端是马拉松岛的骑士岛，另一端是低群岛中的小鸭岛。

❖ 七英里大桥旁的无名小岛

❖ **七英里大桥的老铁路桥**

老铁路桥饱受飓风摧残,虽然被遗弃,但由于老桥主体部分尚保存完好,因此成为佛罗里达州跨海公路上一处必游风景,很多人把它作为赏景、拍照打卡、钓鱼的栈桥。

七英里大桥两侧是烟波缥缈的大海,风景非常独特,因此也成为众多电影的取景地,如20世纪90年代风靡全球的好莱坞大片《真实的谎言》中导弹击中大桥的壮观场景便是在此拍摄的。

七英里大桥原本是建于20世纪初期的一座通往佛罗里达州东海岸的铁路桥,可惜经历了1935年和1960年的两次飓风袭击,老桥已不堪重负,成为如今的七英里大桥的一处风景。

如今的七英里大桥是1972—1982年建造的一座平行于老桥的跨海高速公路大桥。大桥建有配套停车场,并在一侧建有行人的步道桥,供在佛罗里达州跨海公路上行驶的车辆停车休息和乘客观光。

❖ **佛罗里达州跨海公路沿线的鸽子礁**

鸽子礁是建造佛罗里达群岛海上铁路的工人的一次性大本营,位于最初的七英里大桥下方,即本篇首图中大桥横穿而过的那座小岛。

基韦斯特

驾车沿着佛罗里达州跨海公路一直向南前行,眼前是无尽的路面和苍茫的大海,驾驶的逍遥感油然而生,顿时有一种"乘桴浮于海"的意境。岛链的末端,即公路的尽头是美国本土最南端的基韦斯特。

基韦斯特是一座微型小岛,沿着小城的杜瓦尔大街一直走到城市的最南端,可以看到一个彩绘的、像个大陀螺似的美国"最南点"标志,它与对岸的古巴相隔仅144.8千米。

基韦斯特是一个著名的旅游胜地,也是多条豪华游轮航线的出发点,有美国20世纪最著名的小说家之一海明威的故居、美国总统哈里·杜鲁门的度假行宫等景点。

基韦斯特是迈阿密人喜爱的休闲度假地,每天都有大量的游客从狭长的佛罗里达州跨海公路来到这里,沿途欣赏墨西哥湾和日落、日出的美景。

❖ 美国"最南点"标志

> 基韦斯特有各类纪念品商店、旅馆和咖啡屋,其中有一家被称为美国最南端的小楼,仅有13间客房,但要价高达200多美元一晚,到了冬天旺季,房价还会更贵,据说这里曾有多达17位美国总统光顾过。

> 美国20世纪最著名的小说家之一的海明威于1931年搬到基韦斯特,并在此生活超过10年。他的大部分传世作品都是在基韦斯特诞生的,如《永别了,武器》《乞力马扎罗的雪》等。
> 海明威在基韦斯特的故居一共两层,是一座西班牙殖民时期风格的建筑,还有一座花园围绕故居。如今生活在海明威故居里的猫咪都是海明威在世时饲养的猫的后代们,它们慵懒地在花园或居室内散步。

起点　　　　　终点

❖ 美国1号公路的终点

基韦斯特是美国1号公路的终点,同时又是起点(佛罗里达群岛风景高速公路的起点)。

海螺共和国

基韦斯特虽然是佛罗里达州所辖的一座小城,但是它曾有一个著名的身份——海螺共和国。关于海螺共和国还有一个有趣的故事。1982年,为了遏制非法移民偷渡到美国,同时打击走私活动,美国政府在佛罗里达州跨海公路的路口设下路障,任何想要进入美国北部领土的人都要出示身份证明,就连基韦斯特的居民也不例外。

佛罗里达州跨海公路是基韦斯特的居民北上美国大陆的唯一陆地通道,这样的路障严重影响了当地的经济,同时,基韦斯特的居民认为自己像是"外国人进入美国"一样。

基韦斯特议会对此非常不满,经过多次交涉和抗议无果后宣布独立,国名称作海螺共和国。随后,海螺共和国向美国宣战,大量居民开着水炮车进入美军基地,用大量的面包攻击美军士兵。后来,在美军士兵还手之前,海螺共和国所有人向他们投降,海螺共和国瓦解。

这场"独立闹剧"就这样结束了,不过,美国联邦政府也撤销了对佛罗里达州跨海公路的封锁。同时,碍于美国宪法允许各地更改官职和政府的称呼,美国联邦政府只能看着基韦斯特市长自称总统,当地政府改名为"海螺共和国"。更搞笑的是,竟然有一些国家还承认了"海螺共和国"。

如今,基韦斯特每年4月23日都会隆重庆祝海螺共和国独立日,以此来吸引游客,带动当地的经济增长,促进旅游业的发展。

❖ 1982年基韦斯特市长宣布独立的场景

"海螺共和国"的口号是:"我们在别人失败的地方独立。"

❖ 海螺共和国纪念币

海螺共和国如今是基韦斯特的旅游名片,其从筹划独立开始就设计了国旗、国徽、钱币、护照等,如今,这些也都成了旅游纪念商品。

查普曼峰公路

从悬崖中开凿而出

非洲篇

查普曼峰公路是世界上最美的悬崖公路之一，整条公路都是在悬崖峭壁上开凿而成的，其风景异常秀美、令人震撼，宝马、奔驰等世界顶级名车都曾在此拍过宣传片，是到开普敦旅游的必到景点。

查普曼峰公路又称为查普曼峰道，位于开普敦 M6 号公路的查普曼峰路段，是一段令人心惊肉跳的、修建在悬崖峭壁上的环山公路。

2005 年左右，开普敦市政部门曾启用直升机对查普曼峰公路附近坠落的汽车进行清理，总共在浅水区拉上来 22 具汽车残骸。

世界上最壮美的海景公路

查普曼峰公路的起点位于非洲南部最大的城市开普敦市郊著名的豪特湾小镇。从开普敦出发，沿着大西洋一侧的 M6 号公路一路向南前行大约 15 千米，途经海角、班特里湾、克里夫顿湾、坎普斯湾等著名景点后即可到达豪特湾，在豪特湾不远处就是查普曼峰公路。

❖ 查普曼峰公路

❖ 豪特湾码头

查普曼峰公路开通后，一直免费，在 20 世纪 80 年代末有人沿公路上山，被落石砸死，家属向开普敦市政府索赔，导致查普曼峰公路在 20 世纪 90 年代很长时间内被封闭，而后又几经开放、塌方封闭，直到 2009 年年初，开普敦市政府大规模整修后才正式开放。从此之后，查普曼峰公路开始收费，成为开普敦最早的一条收费公路。

❖ 查普曼峰公路

查普曼峰公路沿着查普曼峰开凿而建，一直通向终点诺尔德霍克小镇，全长 9 千米，拥有 114 个弯道，整条公路如同镶嵌在峭壁之上，凶险无比，却又绝美诱人。它被公认为世界上最壮美的海景公路，每年都会吸引世界各地的探险者慕名前来体验在悬崖峭壁上驾驶车辆的超刺激感觉。

一条异想天开的公路

1607 年，英国帆船"认可"号首次驶入豪特湾，船上的大副约翰·查普曼（也有资料显示约翰·查普曼为船长）登上离豪特湾不远处的一座高山。此后，这座峻峭的高山便以他的名字命名为查普曼山。

1910 年，南非联邦成立后，开普省首任行政长官尼古拉斯·弗雷德里克·德·瓦尔爵士决定在查普曼山悬崖上开山凿石修建公路。然而，道路工程师们却认为瓦尔爵士的决定简直异想天开，因为查普曼山到处是悬崖峭壁，根本不具备建设公路的条件。

后来，在瓦尔爵士的坚持下，查普曼峰公路于1915年动工，动用了大量的工人以及囚犯，耗时7年，于1922年建设完工。

> 查普曼山是一座花岗岩山，上面覆盖着砂岩层，开凿查普曼峰公路时，有些路段的砂岩层非常容易开挖，但是同时也会不时地遭受山体滑坡的困扰，直到查普曼峰公路开通后，山体的砂岩层还会经常脱落，埋掉公路。尤其是恶劣天气常会导致大面积山体塌方滑坡，造成危险。

查普曼峰公路上这样的"半隧道"在全球都很少见，建造者们为了防止落石，巧妙地在山岩上开凿出一条车道，山上的落石则会避开公路，从上面直接掉落大海。

❖ 155米长的"半隧道"

凶险无比，却又绝美诱人

当地政府不断加固、改善查普曼峰公路，在危险地段使用钢网、围栏等保护公路，减少滑坡、落石、塌方的威胁。但是，这条公路依旧会因为各种情况被封闭，尤其是在恶劣天气，很多路段都会被封闭。

> 查普曼峰公路附近的豪特湾的码头上有南非最早的鱼市场，现为一家颇具特色的海鲜零售商场——水手码头，至今仍然保持着古老的外貌。

❖ 查普曼峰公路

距豪特湾码头仅千余米的德克岛聚居着成群的野生软毛海豹，吸引着世界各地的游客。

❖ 查普曼峰公路美景

查普曼峰公路的凶险不止如此，它的每一个弯道都会有不一样的惊险，使每位驾驶者根本无暇顾及车窗外悬崖下壮美的大西洋和波光粼粼的豪特湾，驾驶者的每一次掉以轻心，都可能造成车毁人亡的后果，因而，即便是随乘人员看到窗外的美景也不敢惊呼，害怕打扰到驾驶者。所幸，查普曼峰公路沿途风景优美的路段专门设有十多个休息处，能让人们停车小憩、拍照。

查普曼峰公路沿着一排山壁向南延伸，在大西洋沿岸蜿蜒盘旋 9 千米，远处笼罩在云层下的森蒂纳尔峰和桌山，仿佛伴随着公路的海拔急剧下降或上升，使每位驾驶者都忍不住在观景点驻足，一饱眼福。

❖ 桌山上的打卡点

这块巨大的岩石位于桌山之巅，它是查普曼峰公路上自驾者的打卡景点之一。

桌山是一座平顶山，海拔 1087 米，耸立于高而多岩石的开普半岛北端，山顶可俯瞰开普敦市和对面的桌湾。神奇的桌山山顶像桌面一样平坦，被当地人称为"上帝的餐桌"。

❖ 桌山

大洋路

大洋洲篇

澳大利亚最美的海滨公路

大洋路是澳大利亚最美的海滨公路，也是全世界最美的沿海公路之一，它从海边崎岖的悬崖间蜿蜒伸展开，沿途拥有数不清的悬崖景观和美丽的海滩，景色十分壮观，令人惊叹。

❖ 依山傍海的大洋路

大洋路位于澳大利亚的墨尔本西南，是一条从托尔坎至亚伦斯福特、全长近300千米的海滨公路。20世纪80年代初，大洋路正式被定为国家自然公园并对游客开放。

为纪念第一次世界大战而建

澳大利亚最早是英国流放囚犯的地方，后来慢慢变成英国的殖民地，1931年，《威斯敏斯特法案》生效后，澳大利亚独立。澳大利亚的人口中有70%以上是英国人和爱尔兰人的后裔，和英国有密切的"血缘"关系。

❖ 大洋路纪念碑旁的雕塑

该雕塑是修建大洋路的工人的形象，他们其实是参加了第一次世界大战的澳大利亚军人。

第一次世界大战爆发后,英国宣布对德国宣战,澳大利亚政府立刻宣布追随英国参战。第一次世界大战期间,澳大利亚先后向欧洲、亚洲、非洲战场输送了 33 万名士兵,其中 50% 的士兵非死即伤,澳洲军团顽强的战斗作风和军人素质得到了协约国军队高层的赞赏。

第一次世界大战结束后,澳大利亚士兵带着荣誉回国,但是由于当时澳大利亚经济萧条,失业率上升,政府出于无奈,只能将大约 5 万名归国士兵安排去开荒修路。1919 年,大洋路即是在这样的大环境下,由 3000 余名退役士兵开始修建,1932 年即修建了从吉隆到坎贝尔港长达 180 千米的海滨公路,命名为大洋路(Great Ocean Road),并以此纪念第一次世界大战,因为第一次世界大战在英语中常被称为"Great War"。

❖ 贝尔斯海滩

大洋路开始于托尔坎,不远处就是世界级冲浪胜地贝尔斯海滩。这里风高浪急,放眼望去,满是冲浪爱好者,他们踏在高高的浪尖上,一波波地冲向沙滩。

从坎贝尔出发,沿大洋路向西行驶,几千米后就可到达石拱门。它是一个因岩石被海浪冲刷而形成的半圆形空洞,像一个拱门的形状,因此而得名。它是大洋路打卡景点之一。

❖ 石拱门

❖ 考拉

在大洋路上行驶，尤其是在大洋路进入雨林时，如果幸运的话，可以看到澳大利亚有名的考拉。

考拉又名树袋熊，即无尾熊、树熊、考拉，是澳大利亚的国宝，也是澳大利亚奇特的珍贵原始树栖动物。它的英文名"Koala bear"来自古代原住民文字，意思是"no drink"。因为树袋熊从它们取食的桉树叶中获得所需90%的水分，只在生病和干旱的时候喝水，当地人称它为"克瓦勒"，意思是"不喝水"。

行驶在大洋路上不仅可以欣赏到考拉，还能欣赏到其他各种动物，如澳大利亚特有的袋鼠等。

大洋路的风景主要可以分为三段

如今，大洋路已由1932年修建的180千米，扩建至300千米，主要观光路段有200多千米。从起点墨尔本的托尔坎至终点亚伦斯福特，自驾大约需要4小时，其主要风景可以分为3段。

首先是大洋路西段，即从托尔坎到阿波罗湾，全长92.4千米，这里的公路沿海岸平缓向前，一边是由火山堆积的平原，一眼望去，辽阔的荒原上散落着多个火山堆、火山口湖；一边是宽广的海面，海岸线上隐藏着众多海滩，这条道路是大洋路上最适合自驾享受沿海风光的路段。

其次是大洋路中段，即从阿波罗湾到普林斯顿，全长78.3千米，这里的公路逐渐离开海岸线，期间会途经澳大利亚有名的奥特威国家公园。蜿蜒绵长的奥特威山脉挡住了南太平洋丰富的水汽，形成了茂密高耸的树林和肥沃的良田。驾驶汽车穿梭于密林之间，那种惬意只有身临其境才能体会到。

最后一段也是大洋路最值得推荐的一段，从普林斯顿到彼得伯勒，全长36.5千米，公路又从雨林回到海岸线，沿着悬崖峭壁蜿蜒伸展，沿途海岸绝壁嶙峋，波澜壮阔。在20世纪之前，这里是水手们的噩梦，这些绝壁使各种船只不敢轻易

鹰岩是大洋路边众多海中岩石中的一块，虽然不及十二门徒岩和伦敦桥那么壮观，但是其不远处就是大洋路上的一处停车场，方便游客停车，因此到达这里的人并不少。此外，鹰岩不远处还有一座灯塔，可供游客游玩。

❖ 鹰岩

❖ 小红帽灯塔

小红帽灯塔是大洋路西段的标志性地标，洁白的灯塔、艳红的塔顶在蓝天、白云、阳光下与海水交织辉映，仿佛是童话中的建筑。

> 阿波罗湾是一个美丽的捕鱼小镇，也是大洋路西段"冲浪海滩"段的终点。这里可以欣赏到蓝色萤火虫，它与其他萤火虫发的光不一样，是蓝色的。据说，这种生物仅在澳大利亚和新西兰有，新西兰北岛的"萤火虫洞"还被称为世界第九大奇迹。

十二门徒岩坐落于大洋路尽头，12块经过千百万年的风化和海水侵蚀而成的石灰岩，伴着零星的碎石块，巍然耸立于大海上，错落有致，姿态各异，因为它们的数量和形态恰巧酷似达·芬奇画作《最后的晚餐》中耶稣的12位门徒，因此，人们就以十二门徒岩为此地命名，它是世界上闻名遐迩的海岸景致。如今的12块岩石只残留了7块，另5块岩石在海水常年的侵蚀和冲刷下已经相继倒下。但这一大自然奇观还是让人们惊叹，甚至敬畏。

❖ 十二门徒岩

❖ 洛克阿德大峡谷

洛克阿德大峡谷离十二门徒岩只有2千米，它是根据澳大利亚1878年著名的洛克阿德沉船而命名的，也被称为沉船谷，这里是一片险峻结构的海岸，每到一处都是不一样的悬崖峭壁，来到此处第一眼看到的，就是由两块巨大的岩石围成的海湾，在两块巨石之间有一道狭小的缝隙（峡谷）与外面海洋连通，每当涨潮、退潮，汹涌的海水不断冲击缝隙、朝着缝隙奔泻而来，发出令人震撼的声响，因此这个缝隙（峡谷）被称作雷声洞穴，这是洛克阿德大峡谷中最有名的景点，也是大洋路上最知名的景点之一。

沿着大洋路途经奥特威国家公园，公园内有一座澳大利亚最古老的灯塔——奥特威海角灯塔，它像巨人般高高耸立在海角，是到大洋路的必游景点之一。

❖ 奥特威海角灯塔

❖ 大洋路西段有很多冲浪点

大洋路西段拥有许多绝佳的冲浪点，中段雨林中拥有丰富的本土野生动物、令人难忘的远足步道和自行车道，最后一段则是观赏奇岩怪礁的地方。

靠近。如今，这里是大洋路的精华，其最具代表性的景点是十二门徒岩。

沿途奇景迭出

20世纪80年代初，大洋路正式被定为国家自然公园，经过几十年的开发，它已经成为澳大利亚境内的著名观光景点之一，沿途的绝色美景一处接着一处，时而沿海起伏，时而穿越山林、绝壁，时而邂逅绝色海滩。此外，大洋路沿途还散落着吉朗、阿波罗湾及坎贝尔港等海岸城镇和渔村，吸引着每辆行驶在大洋路上的私家车和观光车驻足休憩和观光。

大洋路沿途奇景迭出，每个角落都有值得欣赏的美景，尤其是夕阳斜照、群鸟飞舞时，金色光影照射在大洋路沿途的风景之上，亦真亦幻，是许多人一辈子都可能见不到的美景。放眼全球，也很难找到一条可以与之媲美的海边公路。

❖ 安格尔西小镇的海边

安格尔西小镇又名天使海，可以从大洋路直接将车开到海岸边，这里是大洋路边的一处世外桃源，它远离城市的喧嚣，适合旅客在此小憩。

❖ 厄斯金瀑布

厄斯金瀑布虽然不及世界上的一些大瀑布那么壮观，但其深藏于密林之中，清澈飞溅的水流撞击岩石的声音格外空灵，是在大洋路上探寻密林奇境的首选之地。

洛恩小镇是大洋路上众多小镇之一，它是澳大利亚人偏爱的度假胜地。

洛恩小镇拥有温和的气候、绝妙的咖啡厅，独特的商铺、精品店和画廊，是大洋路沿途最受欢迎的度假胜地之一，每年都会吸引很多海内外游客。

❖ 洛恩小镇栈桥

❖ 伦敦桥

大洋路上知名的景点当属十二门徒岩,但是离它不远处的伦敦桥的气势绝不输于它。

伦敦桥位于大洋路沿途的坎贝尔港,一块由海浪侵蚀形成的巨大岩石孤立于海中,与海面接触的地方有一个大洞,整体造型像一座桥。在1990年1月15日的傍晚时分,与陆地连接的圆洞轰然塌落,与大陆脱离后形成现在看到的桥的样子。

乔治格雷公路

可 以 满 足 一 切 少 女 心 的 幻 想

乔治格雷公路沿线被梦幻般的潟湖环绕，湖水从肉粉色到粉紫色，变化万千，呈现一种渐变而多元的色彩。随着公路的方向变化，车窗外的粉色潟湖也会随着光线变化，呈现不同的粉色，这种多彩的粉色足以满足一切少女心的幻想。

乔治格雷公路位于澳大利亚西澳大利亚州中部的印度洋沿岸，从西澳大利亚州首府珀斯北行约 520 千米车程即可到达。

时尚化妆品牌兰蔻曾把赫特潟湖拍进口红广告中。

粉色潟湖

到了乔治格雷公路，也就到了赫特潟湖。在大部分人的认知中，潟湖应该是深浅不一的蓝色，浅蓝、深蓝、湛蓝交替混合，格外迷人，而赫特潟湖却打破了人们的认知，这里

乔治格雷公路穿越赫特潟湖，沿途全是粉色和红色，甚至连天空都被渲染成了红色。
❖ 乔治格雷公路

的湖水呈玫瑰的粉红色，是西澳海岸线上不可多得的神奇湖泊，也是澳大利亚最大的一个粉湖。

沿着乔治格雷公路，由南向北，首先进入格雷戈里，这是一个镶嵌于印度洋与赫特潟湖之间的微型村镇，全镇常住人口仅50人左右，主要收入依靠捕鱼和种植，如今小镇开辟了服务于赫特潟湖观光的项目，如旅店、餐饮、礼品商店以及其他旅游配套设施。

一边是蓝色，一边是粉色

赫特潟湖长约14千米，宽约2千米，面积约70平方千米，由格雷戈里小镇沿着乔治格雷公路，从东南往西北方向伸展。穿梭于赫特潟湖之间，满眼不同的粉色由近而远、由浅而深，让人迷醉。

赫特潟湖东岸为内陆高地，大约100米高，其中包括8千米长的悬崖，景色非常壮美。

乔治格雷公路虽然不长，但是却随时可以停车观景拍照，还可以放飞无人机从空中鸟瞰，从不同粉色的赫特潟湖中穿过，景色尤为壮观。

潟湖颜色会随含盐度变化而改变

1839年4月4日，赫特潟湖被英国军人、探险家乔治·格雷发现，并以西澳大利亚州第二任州长约翰·赫特的兄弟、国会议员威廉·赫特的名字命名。

❖ 不同颜色的粉

❖ 红得诱人的赫特潟湖

❖ 一边是蓝色，一边是粉色

> β-胡萝卜素和相关的类胡萝卜素，如番茄红素（西红柿中含有）和叶黄素一样，是一种强有力的抗氧化剂。赫特潟湖中类胡萝卜素的浓度不仅将潟湖的水变成粉红色，而且促进了该地区的商业活动，人们养殖喜盐藻类以提取β-胡萝卜素，用于生产涂料、化妆品和维生素A补充剂。

❖ 从不同粉色穿过的乔治格雷公路

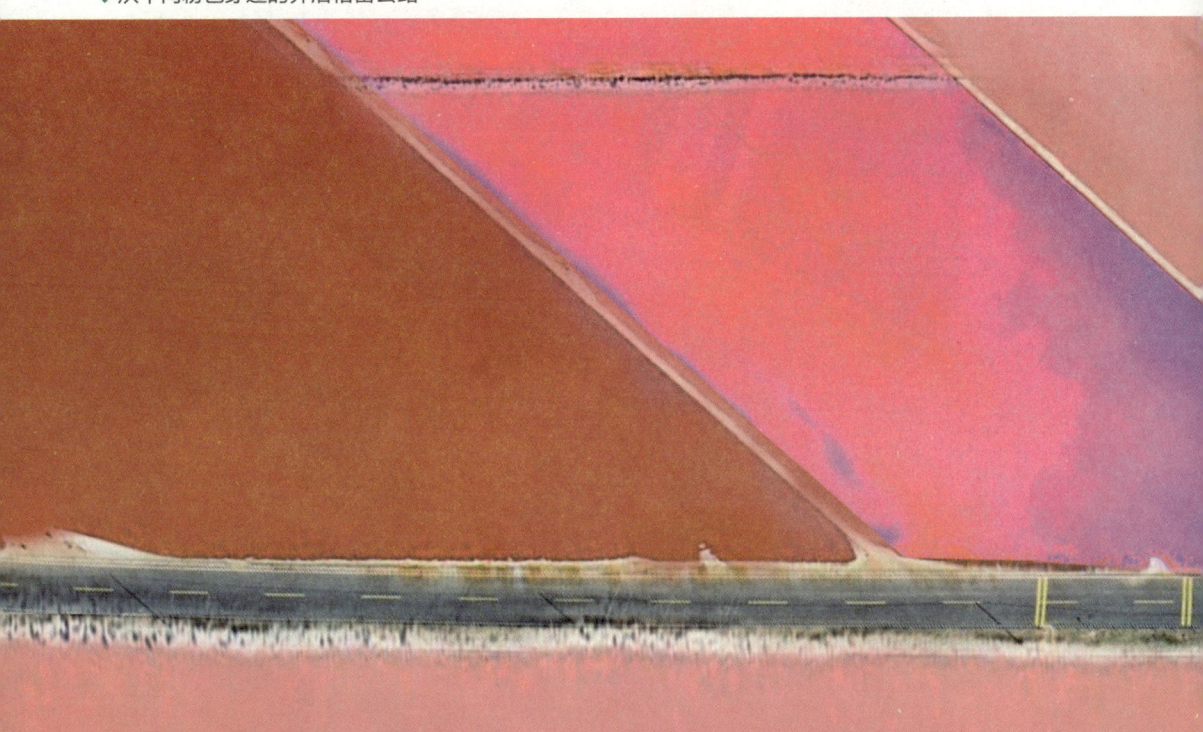

赫特潟湖被一片宽 0.3~1 千米、高矮不等的海滩、沙丘与印度洋分割,形成了一个封闭的湖泊生态系统。湖中生长着大量生产 β– 胡萝卜素的藻类,增加了湖水的盐度,因丰富的藻类和较高的盐度,使湖面呈现明亮美丽且娇羞的粉红色,像一位羞涩的新娘。不过,湖水颜色也不会总是粉色,会随着时间和潟湖的含盐度的变化而改变颜色。雨季到来时,湖水盐度下降,湖水颜色会变淡,甚至变成淡绿色;旱季时盐度飙升,湖水甚至会被晒干,变成盐湖,没晒干的部分的颜色更加红得诱人。

赫特潟湖的水源补充主要来自稀少的降雨、地表径流(来自东部高地的几条小溪流)和地下水的渗流(特别是沿海沙丘)。

❖ 乔治·格雷

乔治·格雷(1812—1898 年),英国军人、探险家。南澳大利亚州的州长,曾任新西兰总督、开普敦总督、新西兰总理。

在干旱的季节,水分蒸发后赫特潟湖就变成白色的盐田了,而雨季时赫特潟湖的部分水会变成绿色。

❖ 赫特潟湖

夏洛特女王公路

一边是森林，一边是峡湾

夏洛特女王公路是新西兰最美的自驾线路之一，也是世界上最美的大道之一，行驶在这条公路上，蓝绿色的风景摄人心魄，令人惊叹。

在新西兰北岛与南岛东北部风景如画的海边小镇皮克顿之间有一个峡湾，这个峡湾叫作夏洛特女王峡湾。由南岛皮克顿为起点的夏洛特女王公路便是以夏洛特女王峡湾命名的。

夏洛特女王公路

夏洛特女王公路是新西兰南岛最美的观光公路，它由东向西，一边是天然森林的边缘，一边是静谧的峡湾。

夏洛特女王公路蜿蜒向西，路面较窄，山路弯多，海湾一个连一个，途中会经过皮鲁斯河，它是电影《霍比特人2：史矛革之战》的重要取景地之一。虽然在

❖ 皮克顿海事博物馆

皮克顿海事博物馆中展示了当地早期捕鲸的历史和一些捕鲸工具。

皮克顿不仅是新西兰南岛和北岛的交通要道，也是自驾过海的必经城市，同时还是南岛最北的城市。

❖《霍比特人2：史矛革之战》中的取景地皮鲁斯河

❖ 夏洛特女王公路

这条公路上驾驶汽车的难度有点大，但是沿路有很多美景可以驻足欣赏。除此之外，沿途还散落着一些艺术村落和社区，里面有许多不错的艺术工作室和艺术品商店，可供游客走走停停，欣赏和购买。

夏洛特女王公路的终点是离皮克顿大约 40 千米的小镇海夫洛克。

世界绿壳贻贝之都

当地人称海夫洛克为"世界绿壳贻贝之都"（据说当地的贻贝非常美味）。

夏洛特女王峡湾、皮鲁斯峡湾、凯内普鲁峡湾和马郝峡湾这四大峡湾共同组成马尔堡峡湾，其占据了新西兰海岸线的 1/5。

新西兰南岛皮克顿还有一条沿着夏洛特女王峡湾海滨及山脊前行的徒步路线——夏洛特女王步道，其入口位于库克纪念碑旁。

❖ 夏洛特女王步道入口处的库克纪念碑

海夫洛克是一个古老的小镇,最早可追溯到殖民时期,这里曾经是淘金者的居住地,如今小镇上依旧有许多精巧的殖民时期的建筑。

海夫洛克镇口的夏洛特女王公路边有一块醒目的路牌,上面写着"看风景",好似多写一个字,都是在赘述这条公路和小镇的美景。

夏洛特女王公路是新西兰风景最秀丽的自驾路线之一,结束行程后,可以从海夫洛克或皮克顿搭乘海船,去往罗盘峡湾以及凯内普鲁峡湾游玩。

在夏洛特女王公路,无论是皮克顿还是海夫洛克,或者沿途其他村镇,都可以包船出海钓鱼或者去欣赏罗盘峡湾以及凯内普鲁峡湾等。

❖ 淡菜
海夫洛克的贻贝据说就是我国俗称的"淡菜",营养价值很高。每年3月,海夫洛克都会举行"青口贝美食节",吸引着世界各地的游客来此品尝。

马尔堡峡湾风景如画,水面平静,是新西兰一处可以欣赏海豚的地方,这片海域常会有黑斑纹海豚、宽吻海豚、普通海豚、逆戟鲸以及稀有的赫氏海豚出现。
❖ 离皮克顿不远的马尔堡峡湾

凯库拉滨海大道

与 海 洋 生 物 相 遇

凯库拉是世界驰名的观景胜地,被誉为"新西兰海洋野生动物的门户"。凯库拉滨海大道则是一条"拥抱"壮阔的海岸线的观景公路。

❖ 凯库拉滨海大道

凯库拉滨海大道是凯库拉镇最主要的观光公路,一直蜿蜒到凯库拉海洋水族馆。

凯库拉:新西兰海洋野生动物的门户

凯库拉是位于新西兰南岛最大城市基督城与皮克顿之间的一个海滨小镇,也是一座小岛(半岛),距基督城以北约 2.5 小时的车程。

凯库拉镇的形状就像鲸的尾巴,两边都是海。在凯库拉博物馆对面的自驾游客中心,可以获取凯库拉半岛的地图,地图上标注了整个小岛的旅游点,包括毛皮海狮聚集区、海豹聚居地、半岛步道、海豹休息点、海豚奇遇、汽车旅馆、海钓许可点和凯库拉海洋水族馆等。对照着地图,沿着凯库拉半岛海岸线徒步或者自驾,可以很方便地游遍全岛的风景点。

❖ 凯库拉滨海大道沿线的黑色碎石沙滩

❖ 凯库拉半岛步道

凯库拉镇不大,但是它却是新西兰海洋野生动物的门户,也是少数可以在一天之内看遍鲸、海豚、毛皮海狮、海豹、信天翁、企鹅和多种远洋海鸟的地方。

沿着凯库拉半岛海岸线一圈,自驾需要1个多小时,徒步需要4个多小时。

毛皮海狮聚集区是凯库拉地标式的旅游景点,在毛皮海狮聚集区有5000多只新西兰毛皮海狮生活。

凯库拉的龙虾很出名,这里不仅龙虾多,而且烹调水平一流,每年10月1日是凯库拉海鲜节,届时来自世界各地的"吃货"会云集此地。

❖ 毛皮海狮

❖ 凯库拉龙虾

193

凯库拉滨海大道

沿着凯库拉半岛海岸线自驾一圈需要1个多小时。凯库拉镇的主要商业、文化、旅游等设施都在凯库拉滨海大道周边。

凯库拉滨海大道位于凯库拉半岛北岸,是一条沿着3千米长的"C"形海湾而铺设的景观公路,海湾内是黑色碎石沙滩,虽然比不了金色或白色的绵软沙滩,但是这里聚集了很多戏水的游客。凯库拉滨海大道沿途有许多为自驾服务的旅店、旅行服务商店和饭店等。自驾于凯库拉滨海大道之上,西北方是凯库拉最著名的两座平行山脉:沿海凯库拉山脉和内陆凯库拉山脉,东北方是湛蓝清澈、一望无际的南太平洋。

凯库拉滨海大道很短,驾车一会儿就能到达终点——凯库拉海洋水族馆,剩下的时间可以将车辆停在凯库拉海洋水族馆停车场,然后跟随凯库拉半岛地图的旅行指示,去欣赏海豹、海豚、海狮和鲸。

❖ **凯库拉海豹聚居地**

在凯库拉半岛沿着新西兰1号公路往北,大约1小时的车程即可到达海豹聚居地。

凯库拉海洋水族馆门前的码头是开放的海钓场所,每天都有很多海钓爱好者在这里垂钓,也可以乘坐当地的渔船出海钓鱼等。

海豚奇遇出海点位于凯库拉滨海大道中部。

❖ **海豚奇遇**

新西兰最好的观鲸点

凯库拉半岛是因为第四纪地壳变动上升而形成的,它由石灰岩和泥岩构成。在凯库拉半岛外的海底有一个著名的海底峡谷——凯库拉峡谷(或称希库朗伊海沟)。由南方来的寒流与北方来的暖流,从海底

卷起大量的营养物质在这里汇合，形成了海洋生物生活的天堂。鲸、海豚和毛皮海狮等把这里当作最佳的捕食地点，在此大量地聚集，繁衍生息。因此，在凯库拉滨海大道及凯库拉半岛海岸线上形成了多个观赏点，可供游客欣赏海豚、毛皮海狮等海洋动物。

赏鲸是新西兰最流行的观光活动之一，而凯库拉则拥有新西兰最好的观鲸点，一年四季都能观看到鲸。

在凯库拉最有名的鲸是抹香鲸，想要观看它们需要乘坐凯库拉观鲸公司的观鲸船，乘风破浪才能寻找到它们的踪影，如果运气好的话，在寻找抹香鲸的过程中还能与珍稀的暗色斑纹海豚、贺氏矮海豚等海洋动物相遇。

❖ 凯库拉随处可见的鲸图案
凯库拉及凯库拉滨海大道沿途随处可见鲸、海豚、海狮的图案。

凯库拉著名的活动有：观鲸、海豚或海狮游泳，出海钓龙虾、钓鱼等，如果天气好，还可以看到海边的日出和色彩斑斓的晚霞等。

❖ 凯库拉海岸上的鸟

船长路

悬崖上开凿出的公路

船长路位于新西兰船长峡谷悬崖侧面,是一条非常狭窄的碎石公路,该公路是由140多年前的淘金矿工从悬崖上切割开凿而成的,非常险峻,需要特殊的驾照才能通行。

船长路从新西兰船长峡谷一侧的悬崖侧面穿过,然后蜿蜒而下,直至昔日被誉为"世界上最富饶的河流"的沙特欧瓦河。

矿工们的"致富之路"

船长路修建于19世纪新西兰淘金热时期,当时沙特欧瓦河高地矿区只有一条断断续续的泥泞小路通往淘金者的居住地船长镇。为了改善进出矿区的通道,1883—1890年,矿工们将自己悬吊在湍急的沙特欧瓦河上方183米处的悬崖上,用人工开、切、割、凿和石块爆破等施工方法,在悬崖上开凿出一条3千米长的道路,谓之船长路。船长路建成后便成为矿工们的"致富之路",整个船长镇及矿区也成为新西兰当时有名的皇后镇区的采金中心。

凶险无比的道路

船长路离皇后镇市区不足20分钟车程,从皇后镇出发,穿越高山,可看到一座古老的、高耸于沙特欧瓦河上的艾迪丝·卡维尔桥,大桥的不远处便是凶险无比的船长路入口。船长峡谷附近有两座断崖:一座

❖ 老照片:"致富之路"

船长峡谷的面积有8万多平方米,曾经是淘金者趋之若鹜的寻金之地,几乎每走一步就能看见金子。如今淘金不易,但整个峡谷的风景依旧美丽。

❖ 悬崖峭壁上的船长路

皇后镇曾以淘金闻名于世，其名字也是淘金者为了纪念英国维多利亚女王而取。皇后镇是一个被南阿尔卑斯山包围的美丽小镇，也是一个依山傍水的美丽城市。新西兰因多变的地理景观而被喻为"活地理教室"，皇后镇是新西兰地势最险峻、美丽而又富有刺激性的地区，故该区以"新西兰最著名的户外活动天堂"而闻名于外。

称为"地狱天堂之门"，一座称为"魔鬼之肘"，险峻壮观，如同两尊门神守护在船长路入口处。

车一进入船长路，无论是经验老到的司机，还是随车乘客，都会被惊险的悬崖、深谷吓得心惊胆战，觉得车轮随时都会坠落深渊。

历史观光通道

船长路、船长峡谷在淘金年代是采金中心，如今是一条历史观光通道：有文化底蕴深厚的船长镇，许多建筑依旧保

❖ 凶险的船长路

❖《指环王》电影画面

位于船长峡谷的沙特欧瓦河是《指环王》中布鲁南渡口的取景地。船长路附近的"地狱天堂之门"和"魔鬼之肘"在电影中被改成了两尊雕塑。

持着原来的样貌；有被遗弃的金矿的矿坑，矿场内的矿工宿舍虽然被改建成了美食店，但是依旧能看出曾经沧桑的模样；还有19世纪丧命于此的淘金者们的坟墓，尽管年代久远，许多墓碑已经朽烂坍塌，但依然能感受到淘金者无所畏惧的精神。

依旧是勇者的天堂

许多人怀着挑战极限的冒险精神来到险峻的船长路，可是却因为没有特别通行许可而无法感受其中乐趣。不过，船长路及船长峡谷依旧是喜爱冒险、刺激的人的天堂。

艾迪丝·卡维尔桥高达47.8米，高耸于沙特欧瓦河上，开放于1919年，1987年11月26日被列为新西兰一级历史建筑。

❖ 艾迪丝·卡维尔桥

❖ 老照片：淘金者

　　船长路下方的沙特欧瓦河长60千米，贯穿整个狭窄而险峻的峡谷，在淘金年代，这是一条水上淘金通道，因此被誉为"世界上最富饶的河流"。如今，这条河因风景秀丽、水流湍急而成为新西兰最快、最刺激的喷射快艇游玩项目地。

　　船长路周围除了喷射快艇游玩项目外，还有高空弹跳、船长飞狐、温奇博物馆管线步道等游玩项目，每个项目都能让人心跳加速，回味无穷。

　　皇后镇附近可以玩喷射快艇项目的地方有很多，有的侧重于观光，沙特欧瓦河喷射快艇则侧重于刺激，它号称是所有喷气艇中最快、最刺激的。它采用飞机发动机，只需水深3厘米，便可秒速提升至时速200千米，尽情穿梭于浅滩溪流间，同时能在一秒内完成360度急转弯的高难度动作。这个项目很刺激，很过瘾。

❖ 在船长峡谷玩喷射快艇

哈纳之路

马克·吐温笔下的天堂之路

哈纳小镇被认为是夏威夷最后一块没有遭到人为破坏的土地，这里有被美国《国家地理》杂志评选的"全美最美丽的公路"之一的哈纳之路，它是夏威夷群岛中最险、最古老的公路之一，也是马克·吐温笔下的"天堂之路"。

❖ 通往哈纳的指示牌

哈纳之路是一条通往哈纳的公路，整条公路几乎没有支线，公路沿线景点都有明显的"Mile Marker"指示牌。

哈纳之路的路况并不好，地面不平整，沿海的发卡弯很多，尽管条件恶劣，但沿途却有天堂般的景色，如茂盛的热带雨林、众多的池潭、飞流的瀑布和壮观的海景地貌。因此，这条公路是茂宜岛上最繁忙的公路之一，时常还会堵车。

❖ 俯瞰哈纳之路

哈纳之路贯穿于美国夏威夷茂宜岛崎岖不平的北部海岸，其名字来自公路中段的一个安逸舒适的哈纳小镇，哈纳之路正是"Road to Hana"的公路，被视为世界上风景最为优美的公路之一。

哈纳镇真的很小

哈纳镇很小，居民不到2000人，它位于青山秀水之间，有一个以充满夏威夷地域风情的古代茅草屋为中心的广场，沿着广场向外辐射出中心街道，道路两旁零散地分布着一些古迹和商店。

沿着镇中心街道一直走，就可以走到哈纳海滩，海滩上常会有人烧烤；海滩角落的灯塔处有人在游泳、潜水等；远处的海岸边还有一些小情侣在你侬我侬。这里便是整个小镇最有生气的地方。

哈纳镇简单几句就能介绍完毕，但是哈纳之路却让人很难找到合适的词汇描述。

哈纳之路之美

茂宜岛是夏威夷群岛中的第二大岛，也是仅次于欧胡岛的第二个旅游热点。不过，岛上没有什么像样的公共交通工具，最适合出行的方式就是租车自驾游，而自驾游最美的路线就是哈纳之路。

❖ 哈纳之路

茂宜岛面积为 183 平方千米，是夏威夷群岛第二大岛，岛由东、西两个板块构成，中间靠一段瓶颈状陆地相连。岛上的景色从沐浴阳光的沙滩到阴雨连绵的热带雨林，从富饶肥沃的山谷到荒凉贫瘠的火山，变化无穷，应有尽有。

哈纳之路有一些地段极其凶险，当地租车公司会限制通行，也有一段公路非常平坦，几乎没有任何危险，驾驶舒适度极高。

哈纳之路上没有加油站和像样的商店，所以出发前需要准备好食物并加满汽车用油。

❖ 哈纳之路

哈纳之路全程差不多 103 千米，坐落在热带山谷与参天的悬崖之间，穿越茂盛雨林、飞流瀑布、倾覆池潭间，沿途壮观的海景时隐时现。

全程停停走走需要耗时一天，途中大约有 620 个弯道，其中大多是"U"形急转弯。此外，还有 59 座单行桥。因此，这条公路被誉为"世界十大最危险公路"之一，由于充满驾驶乐趣，所以它又被称为夏威夷自驾旅游的"王冠之宝"。

哈纳之路的起点

茂宜岛不大，却有两个飞机场，其中一个在卡胡卢伊，它是茂宜岛上最大的社区，镇中有大型购物中心、野生动物保护区、岛上最大的制糖工厂博物馆以及文化艺术中心等。

卡胡卢伊是茂宜岛的旅客集散地，经常会举办露天音乐会和草裙舞表演，非常热闹，这里也是哈纳之路的起点。

❖ **哈纳之路沿途的瀑布**

在哈纳之路上并不是一直驾驶，沿途遇到美景时可以停车欣赏，山林、瀑布、海滩、洞穴，每一处风景都会让人有意想不到的收获。

哈纳之路上不仅有令人惊叹的美景，更有在转角处时不时遇上美景的惊喜！
在哈纳之路上，大大小小迷人的瀑布就像城市中的商铺一样稀疏平常，几乎每个转弯处都有，可以毫不夸张地说，全程瀑布相伴。在哈纳之路上，每个瀑布都各具特色，不过 Mile Marker #2 处的双子瀑布和 Mile Marker #19 处的三熊瀑布是最受欢迎的。

❖ **卡胡卢伊机场大钟**

卡胡卢伊机场很小，是半开放式的机场，相关设施完善，在茂宜岛上的地理位置比较适中，因航班不多，行李出得快，机场和租车巴士站连在一起，方便乘坐巴士或租车出行，这里也是租车自驾哈纳之路的出发点。这个机场大钟则是每个到此的旅客的打卡之地。

哈纳之路是茂宜岛上绝佳的自驾旅游路线，它将茂宜岛的许多自然美景串联在一起，而且大部分景点都会在公路边立有"Mile Marker"指示牌，提示游客所处景点在公路上的位置，方便游客寻找。

哈纳之路：通往天堂之路

哈纳之路自卡胡卢伊向东，路边几乎每个"里标志"指示牌都指引着旅游景点。比如，"Mile Marker #2"是位于哈纳之路2英里（3.2千米）处的双子瀑布；"Mile Marker #10"是位于哈纳之路10英里（16千米）处的伊顿花园；"Mile Marker #19"是位于哈纳之路19英里（30.1千米）处的三熊瀑布；"Mile Marker #32"是位于哈纳之路32英里（51.5千米）处的一个国家公园，公园内的黑沙滩非常有名；"Mile Marker #34"是位于哈纳之路34英里（54.7千米）处的哈纳镇。

Mile Marker #10处伊顿花园海边的科诺普卡岩，曾经是电影《侏罗纪公园》的取景地之一。

❖《侏罗纪公园》的取景地科诺普卡岩

很多自驾者从卡胡卢伊到达哈纳镇后,就以为这里是哈纳之路的终点。事实上,沿着公路继续往东还有很多美景,如"Mile Marker # 42"是位于哈纳之路42英里(67.6千米)处的七圣池,这里有一个百米高的瀑布,是一个连本地人都会推荐的景点。

哈纳之路全程不停车,大约需要3小时,如果沿途边自驾边欣赏美景,那么至少也要1天的时间。

❖ 哈纳之路上的七圣池
哈纳之路上位于Mile Marker #42处的七圣池。

哈纳之路上的弯道多,较为崎岖,建议尽量使用抓地力强的越野车,这样才能有更好的操控感觉。

❖ 哈纳之路上的火花熔岩洞

2023年8月的茂宜岛大火,烧毁了包括拉海纳镇、哈纳镇、卡胡卢伊在内的多个城镇和村庄,希望未来这里能重现往日的美丽与宁静。

哈纳之路的"Mile Marker"指示牌结束于"Mile Marker # 51",但是公路却没有结束,依旧有相连的其他公路继续盘旋在茂宜岛海岸线上,延续着哈纳之路的魅力。